高效領導

透過七個關鍵策略,
教你如何帶人又帶心 ———— 作者——劉教授

推薦序

在當今快速變遷與高度競爭的市場環境中，領導者的角色不僅是掌握公司日常營運，更要帶領企業在挑戰中找到成長契機，持續創造價值。台積電創辦人張忠謀董事長曾強調，打造一家具有競爭力的公司，需要具備三大核心要素：公司的願景、公司的價值觀以及好的策略。而「策略」不僅是企業成功的關鍵，更是將願景與價值觀落實到行動層面的橋樑。

策略的制定與執行 是一門藝術與科學的結合。領導者需要具備系統性思考與前瞻視野，能夠在變動不居的環境中找到突破點。一本好的領導與管理書籍，能協助讀者掌握策略制定的思維模式，從市場分析、競爭定位到資源配置，皆能提供具體的指引。劉教授這本書中所探討的策略模型與案例，將幫助領導者在複雜的商業環境中有效制定行動計畫。

然而，策略的成功不僅依賴完美的計畫，更仰賴策略執行的能力與速度。本書深入剖析了策略執行的挑戰與成功因素，強調了跨部門協作、績效管理與目標導向的重要性。透過具體的實務經驗與案例分析，讀者能理解如何將策略從書面計畫轉化為具體成果。

同時，本書也強調了策略與企業文化的相互影響。一個好的策略

必須根植於企業的價值觀，才能在執行過程中獲得員工的認同與支持。張忠謀董事長曾提及，企業文化是由公司與員工的價值觀共同建構而成，唯有在健康的文化基礎上，策略執行才能順利推進。

這本書不僅從理論層面探討策略的重要性，更以豐富的企業案例說明，如何在實務中成功制定與執行策略，讓公司在動盪的市場中依然具備競爭力與創新力。

所以誠摯推薦劉教授這本書，給所有希望提升領導與管理能力的讀者，無論是新創企業的創辦人、中高階經理人，或是希望從策略中找到企業成長動能的領導者，相信大家都能從書中獲得寶貴的啟發與實務建議。

范姜光男
亞克事業股份有限公司董事

作者序

個人自民國 100 年博士班畢業後,就在學術及工作中鑽研領導及管理的議題,每次在大學部及研究所開課時都會造成學生大量選課。在領導相關的演講中也常博得好評,個人期許這本書能培育更多的中高階管理人才及更多客戶關係管理的顧問。本書在整體內容上有以下四大特色:

(1) 理論與實務結合

本書最大的特色是當遇到問題時,因個人除具理論與研究背景外,更擁有豐富的金融機構實務應用與分享,並且也擁有學者背景,所以每項議題皆能提供理論與實務的結合與應用。

(2) 與新的管理模式之結合

本書除完整說明如何領導與管理外,另在帶領團隊、組織創新及變革、溝通及策略與規劃上,皆能符合面臨現在管理的挑戰。

(3) 適合學界與業界使用

本書因具有理論與實務的結合,所以在學界上適合學生閱讀,因

為可以銜接學生進入職場的工作，另外在業界上也是非常適中高階主管使用，因為本書內容足以應付日常生活中的管理。

（4） 涵蓋範圍廣博

個人因為長期累積大學及研究生授課經驗，並在學界及業界也長期在演講和教育訓練，所以對於管理的知識非常扎實，也具有 30 年的實務經驗，相信本書的應用範圍非常廣博，並且在實務操作上也非常清楚，故對於讀者未來管理及領導的應用及使用將會產生莫大助益。

寫書是一件非常浩大且辛苦的工程，先前第一本不動產書籍寫書時，是為了紀念過世的父親，紀念父親對於我的培育及教導。這本書是秉持父母親待人的初衷及父母親待人處事的道理，也就是做人要誠實及真實，做事要踏實及務實。所以寫這本書是我工作 30 年的工作經驗，及我對於工作上的執著和做人的道理而執筆分享，期許這本書對正在管理及領導有興趣的讀者，能提供更多的助益。並祝福我的母親平安、健康及順利。

劉教授　謹誌

2025 年 3 月

Chapter 1　如何有效的領導與管理

如何在領導與管理之間取得平衡 ———————————— 10
利用 5W1H 成就有效的領導與管理 ———————————— 15
領導與管理要如何協同 ———————————————— 21
領導的當責與管理的負責 ——————————————— 26

Chapter 2　有效的領導是如何帶領團隊

領導者要如何借力整合後帶領團隊 ——————————— 38
領導者如何帶領團隊創造價值 ————————————— 44
領導人如何打造組織健康的體質 ———————————— 50
領導者如何帶人及帶心 ———————————————— 58

Chapter 3　領導者要如何帶領組織變革及創新學習

企業為何要組織變革 ————————————————— 70
企業為何要定組織變革需求及組織變革目標 ——————— 77
組織變革抗拒的原因及如何降低與改變 ————————— 81
組織變革的學習型組織 ———————————————— 88

Chapter 4　領導人如何執行有效策略規劃

策略是什麼 ————————————————————— 100
策略的種類 ————————————————————— 109
因應外部環境及內部經營的策略規劃 —————————— 116

策略規劃的程序 123
如何擬定好策略 126

Chapter 5　領導者要如何有效激勵

激勵的本質及內涵 136
激勵的理論 139
有效的激勵工具 159

Chapter 6　有效的溝通與處理衝突

什麼是溝通 170
溝通的理論 172
溝通的障礙與組織衝突 189
如何管理衝突 193

Chapter 7　談工作文化、組織文化到組織之設計

工作文化和組織文化的差異 208
組織文化的設計 211
企業如何連結 ESG 及打造永續組織文化 220

CHAPTER 1

如何有效的領導與管理

在企業的運作中，領導和管理常分不清楚，但實則各有不同的角色與責任。領導較注重**激勵人心、指引方向**，**為團隊傳達企業願景和帶領團隊組織變革**，並讓團隊成員一起為這個目標前進；管理則是注重**組織規劃、決策執行及控制監督**，以確保工作能夠順利進行，並且達成**組織目標**。

領導和管理看似是兩個獨立的概念，但其實密不可分，兩者除了可以相輔相成，還可以產生協同作用及提升企業執行效率。若只是**重管理輕領導**，可能會讓企業陷入**繁瑣的作業流程及缺乏創新和組織變革**；若只是**重領導輕管理**，則可能讓企業空有願景而不切實際，因為缺乏**組織效率及企業執行力**。因此唯有領導和管理協同配合，有效率地共同運作，企業才能有效領導及有效管理，使企業發揮最大的綜效，創造企業和股東最大的價值。

一流的領導者**要學會傾聽**，用心聽出團隊成員的心聲。領導者也要學會做對的事情，知道領導是一種魅力，而非當作一種要求部屬的權利，所謂帶人帶心就是這個道理。一流的管理者**要學會詢問**，管理的重點在於**問出團隊成員現在的問題點及困難處**，協助團隊成員找到解決方案，最後和團隊成員一起完成目標。

如何在領導與管理之間
取得平衡

領導與管理對於企業而言，是一項非常重要且必須重視的議題，因為領導與管理除了必須**互補合作外**，兩者之間更必須**取得平衡**，因此一家企業如何打造出高效且具有競爭力的組織，端看這家企業在領導與管理上是如何**妥善運用**及**合作發揮**。實際上，領導與管理不是非黑即白的**單選題**，而是找尋最適當平衡的**複選題**，這樣企業及組織才能理解並善用領導與管理的**差異性**與**優劣性**（表1），讓每一位企業家都能妥善運用**領導的感性**和**管理的理性**，成就整個團隊及整個成員，並且完成組織要達成的目標。就企業而言，完成一項任務或是一件要事，必須透過管理中理性的運作，及領導中感性的操作，並且兩者要相輔相成，這樣才能做對的事及把事情做對，有效率地如期完成。這是作為領導者或管理者，或是同時具有領導者及管理者的角色，必須要有的基本動作及準備。要完成工作，通常必須透過相關部門的合作，

也就是一群人去做,透過管理的手段及嚴格的要求,才能如期且有效率地順暢完成。但在管理的過程中,實務上相關部門間經常溝通不順暢,甚至造成部門間的衝突,此時必須要有一位領導者,透過**感性的鼓勵**及提供公司願景,整合相關部門不一致及衝突的意見,降低彼此間的衝突並提高共識,共同為組織的目標合作及前進。

✚ 表1:領導和管理的特質

領導和管理	內容
是互補的	領導者提供願景和激勵,而管理者確保計劃能執行和掌控,合力互補完成公司目標
是相輔的	運用領導的感性(人文導向)和管理的理性(技術導向),相輔相成地運作完成
是平衡的	在領導「人」及管理「事」之間取得平衡,才是企業或公司成功的祕訣所在
是一致的	領導和管理都是為了完成目標,領導所看到的是高度的目標(超出預期目標),管理所看到的是處理寬度的目標(PDCA,修正和調整後達到目標)
是差異的	領導重視人,管理重視事
是雙效的	領導是做正確的事(效益,做好比較),管理是將事情做對(效率,把事情做好)
是階段的	領導者是主導改革(前期帶領各主管改革),管理者是配合改變(後期是各主管引導同仁執行)

領導和管理	內容
是時間的	領導者重視長遠的規劃和計畫,管理者重視日常工作的行程及進度(平常的)

資料來源:作者自行整理

案例問題 1-1-1

為何奇美實業成為最具代表性的幸福企業

　　奇美實業向來擁有「幸福企業」的美稱,從奇美集團創辦人許文龍創立奇美以來,該公司始終秉持將員工「當人才,而不是當人力」的原則在照顧員工,數十年優良傳統精神不變。然而,在企業經營手法及產品方向方面,奇美又勇於突破傳統窠臼,與新趨勢迅速接軌。融合傳統美好與現代思維,致力完善企業經營及社會責任,奇美實業為臺灣產業樹立良好典範。「讓幸福充滿世上每個角落」,是奇美實業成立以來的核心目標。肩負起世界公民的義務,透過兼具創新、節能與環保特性的材料,以及計畫周全的社會回饋作為,以盡責的心態與實際行動為社會大眾的福祉盡一份心力。此外,許文龍董事長設立了奇美醫院及奇美博物館,把一生典藏都無私奉獻給台灣社會,讓更

多民眾可以欣賞藝術品。本案例將探討許文龍董事長，如何將奇美實業打造成**最具代表性的幸福企業**，並且無私率先實施週休二日、讓員工入股等措施，深入了解**許文龍董事長是如何有效領導與管理奇美實業**。

案例討論 1-1-2

做生意，你要懂得分享利益 / 奇美許文龍董事長

「台灣需要的是『**實學**』，不是『**虛學**』，**所以奇美才叫『實業**』。打開電視新聞，出現的那些都是『虛』的人。」**奇美實業董事長許文龍強調「實學」的重要性**，這指的是結合**實際的學習和實務經驗**，而不僅僅是紙上談兵的虛應。他以奇美實業為例，強調實際的產業實力，同時也提醒我們，當我們追求成功時，必須站在實際的基礎上，注重實質成果而非虛幻的表面。看電視新聞時，我們經常看到的是一些「虛」的人物，可能是言之空泛、缺乏實際行動，或只在**表面上追求光鮮亮麗的形象**。這也讓我們反思，現代社會中是否過度追求**表面的成功**，而**忽略了實質內涵**，因此在這樣的社會氛圍下，我們或許需要**重新思考許文龍董事長的價值觀，重拾實質的價值觀念**，並融入日常生活和

事業中。許文龍董事長在經營奇美企業時，強調企業中的**人際關係和工作態度**，期望員工在工作中能夠歡喜，在退休時仍能歡喜離開。這種理念讓我們看到一個企業家對於員工幸福感的追求，也揭示一種輕鬆愉快的工作氛圍。企業與員工之間是一種緣，這種緣不僅僅是雇傭關係，更是一種共同成長、相互尊重的羈絆。這樣的觀點使企業營造出一種快樂的氛圍，同時也要求員工珍惜這份緣分，使之更有價值。在事業發展的過程中，當經營者面臨選擇題時，許文龍提出了一個重要的觀念：「**不僅僅追求金錢，而是要追求幸福第一。**」這種思維轉變突顯了企業家的人文關懷，將企業的成功與員工的幸福緊密相連。這也呼應了一種更全面的成功觀，企業**不僅在經濟層面取得成功，更要在人文層面實現共融共榮**。好的領導者，是幸福環境的塑造者，並且落實「**經營權和所有權分離制度**」，把公司的重要職位交給專業人才來負責，因此許文龍董事長的經營理念，展現出以人為本的管理風格，注重創造良好的工作環境、追求利益的公平分配，並給予員工未來發展的機會，這樣**平衡領導與管理的經營理念**，不僅有助於公司的長期穩健發展，也為員工提供更多幸福和安全感。許文龍董事長是真正透過**感性的鼓勵及提供公司的願景**，整合相關部門**不一致及衝突的**意見，降低彼此間的衝突並提高共識，共同為組織的**目標合作及前進**，所以許文龍董事長除了是**有遠見的管理者**，更是給員工舞台及照顧員工的好領導者，值得我們後人學習與緬懷。

利用 5W1H
成就有效的領導與管理

5W1H 是發源於美國學者哈羅德 · 拉斯威爾（Harold Lasswell）於 1930 至 1940 年所提出的觀念，最早是應用於傳播學（5W; Who says What to Whom in What channel with What effect）與政治學（Who gets What, When, and How），後來經過專家及學者整理，發展成 5W1H 規則。5W1H 規則可以運用在領導和管理上，並且不論是對領導者、管理者、內部員工、外部合作單位、甚至是消費者，都可以作為擬定規劃、溝通原則、執行計畫和解決問題的分析原則。5W1H 有很多可以提供給領導者和管理者的有效領導與管理，本章先介紹兩種處理方式：**第一種是最常應用的 5W1H 金字塔方法，第二種是 5W1H 的組合方法**。首先說明 5W1H 金字塔方法在領導和管理的應用，領導者通常要挑戰現實，所以要會利用 **WHY（為什麼）**說明公司的願景及目標，讓公司的高階主管及所有同仁知道**為何而戰**，然後利用 **WHAT**

（**做什麼**），告訴高階主管如何帶領團隊應該完成什麼，才能從企業競爭中脫穎而出，並且做好管理公司所設定的目標，這樣才能達到公司的願景及目標。領導者在為組織設定願景及目標後，則必須隨時了解高階主管及各部門的管理者，是利用**權力威脅同仁**，還是利用**感召驅動同仁**。利用權力威脅同仁在**短期內通常有效**，所以常成為高階主管及各部門管理者使用的做法，但長期下來，會發現優秀同仁及有想法的同仁，常無法適應組織文化而選擇離去，造成劣幣驅逐良幣的狀態，也導致無法培育中高階主管的領導及專業技能，而轉向補入外來人才。如此一來，該企業或組織可能會失去原本的**核心價值**或**人才外流**。若是利用**感召驅動同仁**的方式，短期內無法顯示效用或發揮效果，但**長期下來**除了可以維持公司原本的**核心價值**，也較能建立組織間的**信任及溝通**。在信任及溝通的基礎下，組織的所有同仁就較能受到**鼓勵及激勵**，知道為何而戰、要做什麼，並在過程中展現熱情及行動力。另外，領導者也必須挑選對的管理者（**WHO**），才能告訴管理者**要如何做（HOW）、何時做（WHEN），以及在那裡做（WHERE）**，讓領導者及管理者有效地經營企業。

管理者在業績未達到目標，或是公司面臨競爭力衰退及處於危機時，都必須知道為什麼會發生這個問題，了解是因為什麼因素（**WHY**）造成公司的影響，深入探討問題產生於何時（**WHEN**）、是誰造成的（**WHO**），且更重要的，是知道問題在哪裡發生（**WHERE**），以及

「如何解決」問題（**HOW**）。例如，針對銷售下降，你可以提出解決方案，若讀者**能依照這個順序**去解決你們現階段所遇到的問題，這樣的**具體行動**就會明確起來。

第二種是 5W1H 的組合方法，領導者或管理者是以 **why 開頭**，並**組合四個 W 問句**，最後再加上 **HOW**，形成領導者及管理者**必須提問的問題**。例如領導者告訴我們為什麼要做這些才能達到公司的願景及目標（**WHY-WHAT**），告訴公司所有的高階主管及成員要如何做（**HOW**），又為什麼要挑選這位高階主管完成公司願景或目標（**WHY-WHO**），要如何說服這位高階主管（**HOW**），再告訴這位高階主管為什麼是現在（**WHY-WHEN**），如果不是現在會如何（**HOW**）？

在 5W1H 中以 **Why-What-How 三組合**的狀態下，領導者是以**溝通**為前提，思考如何與高階主管及組織成員形成共識，完成建立組織的願景及公司的目標。從上而下的三層架構分別是 WHY，WHAT，HOW，越上接近 WHY 越能找出本質所在（如公司的願景或目標），越下接近 HOW 越能找出具體方法（要如何做才能達到公司的願景及目標）。

相信讀者在了解 **5W1H 的組合方法**後，**知道 5W1H 的組合**是好用的思考工具及處理框架，可以讓領導者及管理者釐清經營企業的本質，處理工作上各種情境，包括發現問題、解決問題及預測問題，並

且透過溝通及說服他人而形成共識。相信領導者及管理者只要妥善使用 5W1H 思考法的六個要素，就能讓企業提早完成目標。

案例問題 1-2-1

施崇棠以品質、創新、差異化 打造華碩巨獅王

最早之前的華碩，一定會被認為只是一家主機板業者，但之後隨著經濟發展及電腦科技產業的快速發展，華碩的營運規模也快速茁壯。在 2001 年，華碩獲利達到高峰，已成為橫跨筆記型電腦、主機板的龍頭企業，但是具有遠景及前瞻性的施崇棠，其實已經看到組織未來發展的瓶頸。為了華碩更長遠的發展，他便發動「**巨獅策略**」，一舉將公司推上全球主機板的龍頭地位，於是華碩集團 2023 合併營收 4823 億，年減 10.2%，歸屬母公司淨利 159 億，年增 8.4%，EPS 達 21.44 元。**馬利克**被譽為歐洲最頂尖的**管理思想家**，其著作《**管理‧表現‧生活：新時代的有效管理**》，已成為施崇棠在管理上的重要參考。本案例將探討施崇棠董事長是如何獨立思考，將華碩帶領到全球主機板的龍頭地位。

案例討論 1-2-2

施崇棠：學歷之外，獨立思考能力更重要，學習要問為什麼、做什麼及如何做

施崇棠董事長是以「技術狂人」聞名的領袖，一來到華碩即對企業的經營思路進行全面調整。

在制定市場策略後，施崇棠更進一步釐清戰略。當他向團隊提問：「**世界第一**高峰是珠穆朗瑪峰，第二高峰是哪一個？」眾人不知。施崇棠解釋道，這正是他想要的效果。這個問題所暗含的意義是，華碩要在眾多品牌中脫穎而出，唯有追求「世界第一」這條路才是正確的選擇。

在追求「世界第一」的道路上，施崇棠提出了更加細膩經營策略。他強調，不僅要注重短期利益，更需要學會**下長棋、比氣長**。足見施崇棠懂得**利用 WHY（為什麼）**告訴高階主管及所有同仁公司願景及目標（**世界第一**）在哪，讓公司所有同仁知道為何而戰，並且**利用 WHAT（做什麼）**告訴高階主管如何帶領團隊完成什麼，才能從世界競爭中脫穎而出。施崇棠深刻體會到，過於堅持自己固有文化和思維，易陷入自滿和封閉。**保持空杯和自我之間的平衡**，成為終生的功課。他的經歷也讓我們更加明白，在面對變革時，**謙卑的態度和靈活的思維**至

關重要，才能保持對市場和環境的敏感度，做出及時的調整和改變。

施崇棠的**管理方式**也與他個人的**價值觀**相契合，他認為要把一門學問念通，逼迫是沒有用的，只能循循善誘。這種方法的優勢在於，透過**引導而非命令式**的管理風格，能夠使團隊**更具自主性**，讓公司得以在實踐中不斷學習，真正**將管理理念內化**，而非單純套用口號。這樣的帶人方式，有助於公司在競爭激烈的市場中取得更長遠的成功，培養出更具**主動性**和**專業性**的人才。

在公司內部，施崇棠努力避免管理僵化，而是致力於讓團隊成員能夠理解並融入其中。比如說，在開會時，好的管理者應該成為最後一個發言者。這樣一來，能夠鼓勵底下的人發表真實意見，而不受到一開始就發言的管理者影響。透過這樣的溝通方式，可以更有效建立**開放、尊重**的工作文化，讓每位成員都能真正的參與和貢獻，實現個人和團隊的共同成長。透過這樣的工作文化，組織同仁也必須深入探討公司發生的問題產生於何時（**WHEN**）、是誰所造成的（**WHO**），且更重要的，是知道問題在哪裡發生（**WHERE**）。

領導與管理要如何協同

-
-

為了有效領導與管理，領導者與管理者必需要妥善合作**設定目標**（領導者設定）及**執行目標**（管理者落實），才能如期完成目標（管理者通常是完成目標）或是超越目標（領導者的願景），並且在彼此的**信任**及**協同合作**下，才能有效**建立團隊共識**並創造高績效。因此，領導者和管理者的協同作用及雙方合作，才是企業實現目標的最佳策略。過去雖然領導者有宏大的格局及宏觀的視野，即使有風險和挑戰仍會勇往直前（參考表3-1），但無管理者的認同和協同、及時主動扮演執行者的角色，最後的結果也只是領導者所暢談的願景與使命罷了。所以若缺乏管理者執行任務的推手，結果不會達到預期，只是空談的目標。唯有管理者協同領導者，給予領導者**後盾**，管理者才能**引導團隊**及培養員工**建立責任感**，同時完成**願景**及**目標**。

由於管理者是組織所任命授權的，也擁有獎賞與懲罰部屬的法定

權力,所以執行力是基於職位所賦予的**正式職權**;領導者卻是能影響其他人,去執行**超過正式職權**所能命令的行動及結果。

✚ 表3-1:領導與管理如何協同

領導與管理如何協同	內容
領導者開創員工 管理者執行員工	首先領導者給予員工願景並鼓勵改變及創新,後續管理者協同配合執行
領導者讓員工信任 管理者使員工責任	團隊要突破或是改變時,領導者必須讓員工信任才會追隨,管理者必須給予領導者後盾,培養員工建立責任
領導者打破規則 管理者遵守規則	領導者為了挑戰,必續打破現有規則 管者者為了控制,必須要求遵守規則
領導者帶領積極冒險 管理者控制降低風險	領導者為了創新,必須帶領同仁冒險 後續管理者必須管理風險及控制風險
領導者用心溝通團隊 管理者用力引導團隊	領導者用心溝通團隊,讓團隊達成共識 管理者用力引導團隊,協同團隊來配合
領導者給同仁魅力 管理者給同仁權力	領導者發出魅力,讓員工勇於追隨 管理者使用權力,協同員工配合執行
領導者提供團隊目標 管理者完成團隊目標	首先領導者給予員工目標,期許同仁超越目標,後續管理者協同配合完成目標

資料來源:作者自行整理

案例問題 1-3-1

稻盛和夫如何帶領日航意識改革，走出破產危機

在 2010 年時，具國營背景的日本航空公司，因 2008 年**金融海嘯及長期累積的經營問題而破產**，當時負債高達兩兆三千億日圓，這個巨大的消息對於日本人來說非常震撼。**日本航空以日本國名來命名**，是日本傳統又知名的大企業，因此當日本航空破產，讓當時 44 萬股東的股票及集團內將近 5 萬名員工的家庭生計瞬間出了問題。當時 78 歲的稻盛和夫受到日本政府三顧茅廬，又考量日本航空員工的未來，於是接下重整日航的工作。稻盛和夫認為**不能就這樣讓日本航空倒閉**，而且這場仗是為了**日本國家**及**日本全體國民而打**，所以決定擔任日本航空董事長，且不領薪水。最後稻盛和夫只花了 2 年 8 個月，就快速讓面臨破產的日本航空公司起死回生。在**本單元的個案中，想探討在日本經營之神、京瓷公司會長稻盛和夫的改革下**，為何日本航空公司出現了歷來最高的營業利益，以及稻盛和夫到底是用什麼樣的經營方式及經營理念，才使日本航空實驗巨大的改變。

案例討論 1-3-2

稻盛和夫自問「身而為人，何謂正確」，並將正確的事情以正確的方法貫徹下去

稻盛和夫在日本航空上任約一個月後，在高階主管的會議開場說出：「**要以『身而為人，何謂正確』，並將正確的事情以正確的方法貫徹下去來判斷**。這樣一來就不會錯了。」但日本航空的某位主管不認同這一句話，反駁了稻盛：「稻盛董事長，這不是理所當然的嗎？難道董事長懷疑我們日本航空的服務嗎？」於是稻盛和夫解釋「**身而為人，何謂正確**，**並將正確的事情以正確的方法貫徹下去**的觀念與做法。哲學的根本就在於「**作為人，何謂正確**」這一句話。「**要正直**」、「**不可撒謊**」、「**不可騙人**」、「**要信守承諾**」、「**要關愛他人**」等等，大部分的人都會覺得：「這不是理所當然？每一個人都會做的事情嗎？」但實際上，恐怕大部分的人百分之百都沒有實踐這些道德觀吧。因此「作為人，**何謂正確」是用來反省自己，並且拿出自己的勇氣，把正確的事情貫徹到底**。當時稻盛和夫講完後，擔任董事長助理的大田嘉仁提出質疑：「身而為人遵守約定是正確的，不過日本航空的各位主管做到了嗎？」此時稻盛則補充道：「不能因為自認為正確，就判斷這是正確的。問題不在於誰正確，而是任誰看了都正確。這才

是身而為人的正確。此時日本航空的各個主管都沉默地低下頭。另外稻盛和夫曾說：「**大計畫一定要所有的員工都來參與**，並把這項計畫變成大家一心達成的幾個標的。」這句話簡潔卻充滿力量，凸顯出領導人要**集合高階主管及所有公司同仁**凝聚產生巨大力量的驚人效能。這樣的凝聚力，有如團結的鋼索，將人們的心靈牢牢連結在一起。因此**日本航空**面臨挑戰和困難時，他們能夠相互支持、互相激勵，共同克服障礙。稻盛和夫也曾言：「**我們的員工因為有失敗的餘地，因此有勇氣不斷接受新挑戰，更賣力的工作。**」這種勇氣和熱情正是源自於共鳴和認同。

稻盛和夫也曾說過：「**唯有謙卑的領導人能創造出合作的團隊，並使之導向和諧、長遠的成功。**」人的行為是由人格特質和所處環境所決定的。也就是說，團隊的表現是由領導者的領導風格，和團隊所處工作環境所共同塑造的。因此謙卑的領導者及管理者，通常具有**積極的人格特質及協作團隊的精神**，他們不僅願意傾聽團隊成員的意見，更能夠理解並尊重不同的觀點，這種領導風格能營造出開放和包容的環境，激發團隊成員的**創造力和合作精神**，使整個**團隊更加凝聚**。

領導的當責與管理的負責

　　當責是一九九〇年代以後，在全球最熱門的經營管理及企業組織最常討論的概念，尤其美國的上市公司及大型企業對於當責（accountability）這個詞一定不陌生，但如果回到台灣的經營管理概念，當責（accountability）與負責（Responsibility）常被混為一談。其實「**當責**」（**Accountability**）與「**負責**」（**Responsibility**）最大的不同，在於「**當責**」必須「**對結果負責**」，但負責只是把自己份內的事情做完就好。**負責**，通常只是為**行動負責**、盡心盡力，**當責**則一定要為**最後成果負責**，要交出成果。所以**領導**的角色及責任就如同當責，是要為企業的發展及願景當責；**管理**的角色及責任就是要執行企業的發展及為願景負責。通常最高領導者的當責是必須從自己以身做起，然後推動當責一定要從最高階開始，由上而下而形成一種組織文化。為了讓讀者更深入了解當責的觀念及想法，我們將根據美國橡樹嶺科學

與教育學院及加州大學學者，在提升《政府績效與成果法案》（GPRA，Government Performance Results Act）所做的研究報告，說明**當責有五個面向**（參考表4-1）。總之，領導者在承諾高階主管及各部門主管，或是答應客戶時，必須**兌現自己的承諾**，如此才會得到部屬及客戶的肯定及尊敬。

✚ 表4-1：當責的五種面向及內容

當責的面向	內容
1 當責是一種關係（relationship）	當責是一種雙向溝通，是兩造間的契約，而非單方面的承諾
2 當責是成果導向（results-oriented）	當責不只看輸入與產出（inputs and outputs），更重視成果（outcomes）
3 當責需要報告（reporting）	報告是當責的梁柱，要報告中間進度與完成的成果，如果沒有報告，當責根本無法屹立
4 當責重視後果（consequences）	當責重視兩造所訂定的契約，當成效無法達成，當責者必須負擔先前約定的後果
5 當責是要改善績效（performance）	當責的目標是採取行動、改善績效、確定任務的完成，而非指責、推諉或懲處

資料來源：美國橡樹嶺科學與教育學院及加州大學學者

先前提到「負責」是不夠的，團隊更需要「當責」的成員，所以領導者必須從**本身領導做起**，藉由領導者本身當責觀念的擴散，建立起**當責的企業文化**。管理者則可以先**從負責做起**，藉由在執行過程中，在管理的程序及經驗中，慢慢養成**承擔責任**及**勇於負責結果**的心態及精神，進而發揮起**當責的角色及責任**。為了進一步說明管理者如何從負責到當責，我們會從組織成員在成為管理者角色的不同階段開始說起，讓讀者更了解如何培養當責的心態及應扮演的角色，該說明同樣從美國《政府績效與成果法》所延伸出來的「當責」5個應用層級（參考表4-2）來源說起，以利讀者建立當責的態度。這5個應用層級分別是個人當責（personal accountability）、個體當責（individual accountability）、團隊當責（team accountability）、組織當責（organizational accountability）及企業當責／社會當責（corporate／social accountability）。相信這五個應用層級的建立，正好可以彰顯及提升管理者在不同角色歷練下的成長，真正成為帶領團隊創造價值的影響者。

➕ 表4-2：當責的5個應用層級

五個應用層級	內容
1 個人當責	是一種與自己的關係，期待自己達成個人成果。具有個人當責的人會經常內省，不會無謂指責難以控制的外在因素。這是 5 個層級當中最重要的當責，是各層級的基礎
2 個體當責	這是在工作組合當中，個體之間的當責關係，也就是各個成員之間的相互關係，以及管理者與各成員之間的關係
3 團隊當責	成員對於各種環境狀況與績效成果共享擁有感、共享責任感，建立「互信互賴」的關係
4 組織當責	在管理階層、營運團隊、個體、個人上下前後左右之間建立當責關係，探討的是塑造當責的領導力與當責文化
5 企業當責／社會當責	要對利害關係人（stakeholder，包括顧客、股東、員工、社區、供應商、納稅人與廣大民眾）的需求做出回應，是企業與廣大社會之間的關係，企業應該比利害關係人更為主動

資料來源：美國橡樹嶺科學與教育學院及加州大學學者

案例問題 1-4-1

鄭崇華說企業不能只顧眼前利益，要放遠未來。成功，來自單純的善念與執著

　　1971 年，台達創辦人暨榮譽董事長鄭崇華在新莊成立台達電子，剛創業時是從電視線圈開始做起；經過 50 年後，現在的台達已是電源管理與散熱管理解決方案的企業，並在多項產品領域中，已經是居世界重要的地位。鄭崇華董事長曾說企業**不能只顧眼前利益，要放遠未來**，因此企業必須了解**市場的需求及產品的需要**，開發時也必須考慮是否製造對社會真正有價值的產品，以及是否符合客戶的需要，如此才能**贏得客戶的尊重和信任**。鄭崇華董事長小時候在外公家長大，從小在外公的耳濡目染及潛移默化下，**看著講信用、愛護員工的外公**，因此啟蒙了他認為身為企業家必須好好照顧及培育員工，因此外公是他學做生意及創業的第一個「老師」，鄭崇華董事長創業至今，也一直堅信企業不能只顧眼前利益，要放遠未來。成功，來自單純的善念與執著，現在台達**長期關注環境議題**，秉持「**環保節能愛地球**」的經營使命，並持續開發創新節能產品及解決方案，減輕全球暖化對人類生存衝擊。本案例將探討鄭崇華董事長**如何建立當責文化**。

案例討論 1-4-2

利他的力量，是鄭崇華董事長的初心與台達的經營哲學，且對企業、國家及社會也具有當責的態度及負責任的精神

　　開大門走大路，做人做事的擔當及當責，一直是鄭崇華董事長工作的態度及經營哲學，他常常告訴同仁工作態度很重要，也提醒同仁生產產品**不能馬馬虎虎**，必須**嚴格遵守客戶的需求**，任何產品實驗都必須**落實**，要有負責任的態度及當責的精神。例如某一天，日本提供的線圈出現難以解決的問題，求救鄭崇華，他雀躍不已，急切地前往飛利浦，許美華卻主動表示**願意承擔這個挑戰，去解決問題**。她堅定地說：「**鄭先生，您是老闆，我來做吧**！」雖然茲事體大，鄭崇華稍有猶豫，但看到許美華自信滿滿地強調：「您要信任我，我有能力完成。」鄭崇華最終選擇相信她，**讓她挑戰這項任務**。當他下午前往飛利浦時，原本抱持著「去看看她做得如何」的態度，卻意外發現，僅僅經過短短的時間，許美華的設計已經得到飛利浦的認可。鄭崇華的**充分信任**讓許美華**信心百倍**，也使她成為他早期創建台達時的得力主管之一。以上案例可說明鄭崇華董事長及許美華主管符合這「**當責**」5 個層級，具有**個人當責、個體當責、團隊當責、組織當責及企業當責**

/**社會當責**。

　　這個故事突顯了在領導階段，**領導者要建立對員工的信任**，並給予他們**挑戰和發揮的機會**，這樣的信任不僅能激發員工的自信，還能促成整個團隊的成功。台達一貫秉持的企業文化是「**有所為，有所不為**」，不僅不接受回扣，更不與要求回扣的廠商合作。這種特質源於鄭崇華董事長對**做人正派、堅持是非對錯善惡**的深刻理解，並在企業文化中得以展現。鄭崇華董事長深信，良好的企業風氣應該從一開始就培養，且必須從董事長**當責開始做起**，相信只要**秉持正直的原則**，就能勇敢面對困難的**當責態度**。鄭崇華董事長以身作則的榜樣，漸漸促成**台達電員工當責的文化**，並養成**全體員工從思考、行動到成果，激發員工主動改變的信念及行為**。

本章重點導覽

1、 在企業的運作中，領導和管理常分不清楚。領導和管理看似密不可分，但實則領導和管理各有不同的角色與責任。領導較注重激勵人心、指引方向，為團隊傳達企業願景和帶領團隊組織變革，並讓團隊成員一起為這個目標前進。管理則是注重組織規劃、決策執行及控制監督，以確保工作能夠順利進行，達成組織目標。

2、 唯有領導和管理一起協同配合，有效率地共同運作，企業才能有效領導及有效管理，使企業發揮最大的綜效，創造企業和股東的最大價值。

3、 一流的領導者要學會傾聽，用心聽出團隊成員的心聲。領導者要學會做對的事情，一流的管理者要學會詢問。管理的重點是問出團隊成員現在的問題及困難點，協助團隊成員找到解決方案，最

後和團隊成員一起完成目標。

4、領導與管理對於企業而言，是一項非常重要且必須重視的議題，因為領導與管理除了必須互補合作外，更必須在兩者之間取得平衡，因此一家企業如何打造出高效且具有競爭力的組織，端看這家企業在領導與管理上如何妥善運用及合作發揮。

5、實際上，領導與管理不是非黑即白的單選題，而是找尋最適當平衡的複選題，這樣企業組織才能理解並善用領導與管理的差異與優劣。

6、5W1H 規則可以運用在領導和管理上，不論是對領導者、管理者、內部員工、外部合作單位、甚至是消費者，都可以作為領導者和管理者擬定規劃、溝通原則、執行計畫和解決問題的分析原則。

7、5W1H 金字塔方法在領導和管理的應用：通常領導者要挑戰現實，所以領導者要會利用 WHY（為什麼），告訴高階主管及所有同仁公司的願景及目標在那，讓公司所有同仁知道為何而戰，並且利用 WHAT（做什麼），告訴高階主管如何帶領團隊應該完成什麼，才能從企業競爭中脫穎而出。

8、5W1H 的組合方法在領導和管理的應用：領導者或管理者以 WHY 開頭，並組合四個 W 問句，最後再加上 HOW，形成領導者及管理者必須提問的問題，例如說明為什麼要做這些才能達到公司的願景及目標（WHY-WHAT），以及要如何做（HOW）。

9、為了有效領導與管理，領導者與管理者必需要妥善協同設定目標（領導者設定）及執行目標（管理者落實），才能如期完成目標（管理者通常是完成目標）或超越目標（領導者的願景），並且在彼此的信任及協同合作下，才能有效建立團隊共識並創造高績效。

10、由於管理者是組織所任命授權的，管理者也擁有獎賞與懲罰部屬的法定權力，所以執行力是基於職位所賦予的正式職權，但領導者卻是能影響其他人，去執行超過正式職權所能命令的行動及結果。

11、「當責」（Accountability）與「負責」（Responsibility）最大的不同，在於「當責」必須「對結果負責」，而負責只是把自己份內的事情做完就好。負責，通常只是為行動負責，盡心盡力；當責則一定要為最後成果負責，要交出成果。所以領導的角色及責任就如同當責，是要為企業的發展及願景當責，管理的角色及責任就是要執行企業的發展及為願景負責。

CHAPTER

有效的領導
是如何帶領團隊

2

在任何組織及團隊中，局勢的變化和組織的改變都是必然的，每一個變化都會造成組織成員的影響及制度的衝擊。若是負面衝擊，輕則造成士氣低落而形成人員流失和人才斷層，重則導致組織效率不彰及業績低迷。因此組織最大的敵人往往不是**市場或競爭對手**，而是組織內**部門不協調**、組織內同仁的**目標不一致**，或是**組織沒有共同目標**，即使該組織擁有最優秀及最聰明的人員，也**無法發揮效果及產生綜效**，其實背後最大的原因，就是**該組織缺乏健康的體質**。

所謂健康的體質就是指企業要有**永續經營、對員工及社會善盡責任、強化組織及人才資源體質**，而且最主要的是企業經營本質上**要有正直的理念及價值觀**。正直的理念及價值觀不會造成組織內部因**政治角力而造成內耗**，過去許多優秀的企業都擁有極好的設備及優秀人才，但不一定會成功，失敗的關鍵因素是因為組織中**派系分明**、**高階主管爭權奪利**，甚至是**新一代接班人換掉上一代接班人的高階主管**，而造成大量人才流失及商譽受損。許多管理研究也指出，成功企業與失敗企業的關鍵差異**不在於組織的聰明**，而在於該組織的**企業體質是多麼健康**。本章稍後將逐一說明企業要如何**帶領團隊創造價值**，如何**保持健康的體質**。

領導者要如何
借力整合後帶領團隊

帶領團隊創造價值前,首先必須讓團隊的**每位成員**都能為自己的**角色創造價值**,還有給予**團隊願景**及**凝聚團隊所有成員的心**。當領導者希望團隊成員表現更好時,就必須**鼓勵及激勵團隊成員**。領導者更要改變自己及打造團隊,讓領導者及團隊成員間一起擁有發自內心為**團隊創造價值的信念**,讓整個團隊及組織可以**自主運轉**,團隊成員也可以**自由發揮**,在正常運作的企業系統中拿出**最佳表現及績效**。

企業組織成功關鍵是借出優秀團隊(參考表 2-1)。要如何借呢?首先企業組織必須要有一位像**學習導師的領導者**,然後這位領導者可以借用每一位團隊成員的優點,在每個部門中挑出最能整合部門內外資源的最佳主管,該主管也最能**跨部門溝通及整合**。最後是**借系統、平台及運作**。所謂借系統包括找出最佳的硬體系統及軟體系統,最後在領導者敏銳的趨勢帶領下,成功的方程式就在**團隊 + 系統 + 趨勢**的

運作中完成。另外，領導者要**用心留意、用心觀察、用心把握及用人熱情**，這樣才能帶領團隊創造價值。現在是屬於跨界的時代及跨領域的整合，因此每一個行業都必須**借力及整合**，因為**創造資源不易**，唯有**整合資源才能為團隊創造價值**。

✚ 表2-1：領導人要有借力整合的思維及格局

借力整合	內容
借教練式領導人	在市場中找出以「非指導、非命令」的方式來引導部屬的領導人，該領導人給予團隊成員願景與舞台，並透過改善自己的思考及行為模式，提高工作績效
借人才	借人之力，成己之實，吸引優秀的合作者 團結人才，共創願景及打造舞台
借平台	該平台能夠提供商業模式獲取利潤 該平台能夠產生群聚效應及群眾效果
借系統	找出一套穩定且具有最佳獲利的商業模式系統 該系統可以提出及整合成最佳資源系統
借團隊	個人資源是有限的，找出最佳和最適的團隊 借用團隊成員的優點，共同創造團隊價值

借力整合	內容
借趨勢	一個人的優勢,打不過一個時代趨勢 要善用趨勢,才能找到競爭優勢
借整合	與其領導者自己盡力,不如借用以上的力 並整合從以上所有資源借到的力

資料來源:作者自行整理

案例問題 2-1-1

戴勝益董事長如何看重人才,樹立王品文化

在眾多企業主管抱怨年輕人流動率高、態度不積極又不好溝通時,王品集團卻是大量使用年輕世代來創造王品集團的一片天,並且成為年輕人最嚮往的餐飲企業。王品集團的文化是前董事長戴勝益先生所建立的,當時戴勝益董事長善於和年輕人溝通及討論,也願意放下身段協助年輕人,所以年輕員工喜歡向戴勝益董事長提供建議及反映問題,這為王品集團奠定良好的價值觀及文化基礎。以下和讀者分享戴勝益董事長六個「不一樣」,是如何打造王品獨特的 DNA。

一、**作風親民、打破階級文化**：戴勝益總是穿著輕鬆，不以名車代步，還規定員工「購車總價不得超過一百五十萬元」，理由是不希望員工互相比較階級。

二、**重視人才，分紅大方**：戴勝益不只一次說「人才是需要被重視的」，重視人才留任，建立「員工入股分紅制度」。

三、**設立「王品憲法」，形塑企業文化**：戴勝益把抽象的企業文化，寫成順口好記的企業標語，讓員工有向心力，以身為王品人為傲。

四、**鼓勵主管請假**：戴勝益認為，會請假表示重視家庭生活。

五、**激發集體智慧，老闆無才便是德**：戴勝益認為，老闆要是太「英明」，會扼殺其他人的創意。他期許同仁多動腦，除了接受命令，還能有一些主見。

六、**提倡公平**：戴勝益創業路辛苦，公司內部講求「公正」，明文規定收禮超過一百元將遭開除，主管親戚不得進入集團工作。

　　以上是戴勝益董事長在王品集團建立的內部規定。在案例討論中，我們將探討是什麼想法與價值觀，使戴勝益董事長深化了王品集團的企業文化與組織內涵，以及戴勝益董事長是如何提供服務平台來吸引消費者，然後成為服務業的第一品牌及常勝軍。

> **案例討論 2-1-2**

戴勝益董事長的經營理念及如何借人才及平台

戴勝益董事長在內部經營事業的理念，是非常重視員工人品的培養，在過程中有兩個重要關鍵元素，分別是**利他**和**自我反省**。這兩者對於員工個人成長和與客戶的互動至關重要，戴勝益董事長曾和員工說，不要踩著別人的肩膀往上爬，要有**利他**及**團隊合作**的精神，不要有**個人主義**的態度，這樣的觀念強調客戶的服務是建立在**整個團隊服務**的基礎之上。另外，**自我反省**也是另一個服務的關鍵元素，因為這樣的想法可以定期檢視員工服務的落實，和團隊合作是否有需要調整及加強，讓團隊在下一次的客戶服務可以更好。戴勝益也說過，他的母親曾經教導他，與朋友間的人脈關係裡，有人生的智慧及送給他的人生禮物，分別是：**1. 寬容待人，得理饒人，為對方著想。2. 淺性誤事，做事情不要太衝動。3. 懂得認輸，未來才能贏更多**。總之我們應該謹記**不要算計誰**，而是要建立關係的**真誠和善念**。因此戴勝益董事長從懂得**利他及自我反省**的觀念上，建立起王品集團善**服務理念的宗旨**，有助於建立王品集團的**組織文化和核心價值**。

從上述戴勝益董事長的成長背景及人格發展上，可以發現王品餐飲集團的管理是戴勝益一手建立出來的，因為這跟他的性格很一致。

另外，戴勝益董事長也為王品打造了台灣企業少見的龐大 IT 系統，也就是**借系統**來完成**王品集團獲利的商業模式**。例如從每家店的營收、獲利，到每項食材的成本，每天以最快速度統計公開，每個數據都與 KPI 環環相扣，以資訊為主來找出問題所在、服務所在及獲利所在，並且**借用**公司內部的優秀**人才**及成功**團隊**找出**趨勢**，打造**最佳的服務品牌**。

領導者如何
帶領團隊創造價值

　　好的領導者想帶領團隊創造價值，通常都要有密切配合的完善策略和計畫執行，如此領導者才能做對的事，管理者才能把事做對。完美團隊及平庸團隊的差異在於團隊成員的負責及當責，負責好比補位，當團隊成員在一項任務中離開了，就必須要有人願意負責補位，更重要的是有人願意當責的主動接球，也就是主動願意為結果負責。能為結果負責的人皆屬於當責的少數人。

　　當責的人通常是領導者及管理者居多。他們的存在有兩個目的，第一是**為組織或團隊達成目標**，第二是**凝聚團隊的向心力**。為了進一步詮釋領導者及管理者如何帶領團隊創造**目標的價值**，並說明團隊**凝聚下所產生的行動價值**，我將團隊詮釋成「ONE TEAM」，並逐一拆解**個別字母**（參考表 2-2）。第一個字母 O，我詮釋成 Obliging，中文是**樂於助人的**；第二個字母 N，我詮釋成 Noble，中文是**正直誠信的**；

第三個字母 E，我詮釋成 Earnest，中文是**認真的或真誠的**。若將 ONE 三個字母一起詮釋及說明，可說是成為一個團隊時，成員間是樂於互相協助的，即使團隊內有明星球員或特別優秀的成員，都有一項默契，就是即使個體是獨特的（明星球員或優秀成員），但**心只有一個**（凝聚的心，無私的心），**分數也只有一個**（團隊的分數，合作的分數）。也就是說，大家在合作時，是**正直真誠地相待**，最後在領導者或管理者整頓這個 TEAM，驅動成員及激發動機時，相信在領導者、管理者及團隊成員，**一點一滴的行動及彼此信賴的關係下**，團隊將很有自信，保持每一場合作比賽都能勝利的信念。

第四個字母的 T，我詮釋成 Try Everything，中文就是**全力以赴**；不管是領導者或管理者，甚至所有團隊的成員，都必須為每一件事情**保持全力以赴的態度**。第五個字母 E，我詮釋成 Encourage，中文就是**鼓勵或激勵**，也就是領導者、管理者在團隊成員的每一場比賽或每一項行動時，都必須**鼓勵及激勵團隊**成員或部屬，而團隊成員也可以互相加油打氣。第六個字母 A，我詮釋成 Accountability 及 Agree，**其中 Accountability** 是指團隊內的主管及成員，對於每一項比賽或每一項行動，都必須抱有**當責的態度及任務的使命**；Agree 是說明團隊的領導者、管理者或團隊所有成員，要互相**認同對方及認同對方的每一項行動，大家是一條心**。最後一個字母是 M，我詮釋成 Mission 及 Master，其中 Mission 是指這件事情是任務，Master 是指每一位成員都必須是專業的。

➕ 表2-2：ONE TEAM的內涵及精神

ONE TEAM 詮釋	說明
（1）O／Obliging（樂於助人）	領導者、管理者或團隊成員樂於互相幫助
（2）N／Noble（正直誠信的）	領導者、管理者或團隊成員的內心要抱有正直及誠信的態度
（3）E／Earnest（認真的或真誠的）	領導者、管理者或團隊成員在參加比賽或行動時要認真
（4）T／Try Everything（全力以赴）	領導者、管理者或團隊成員在參加比賽或行動時要全力以赴
（5）E／Encourage（鼓勵）	領導者、管理者在團隊成員的每一場比賽或每一項行動時，都必須鼓勵團隊及激勵團隊
（6）A／Accountability（當責） 　　 A／Agree（認同）	團隊內的主管及成員都必須有當責的態度及認同對方
（7）M／Mission（任務） 　　 M／Master（專精）	領導者、管理者或團隊成員，對於每件事情都要視同任務一樣重視，並要有專精的態度

資料來源：作者自行整理

案例問題 2-2-1

杜俊元董事長是台灣無我的承擔者及仁者

杜俊元董事長出生於 1938 年，從台灣大學電機系畢業後，赴美國史丹福大學攻讀碩士學位及博士學位，當時同研究室的包括台積電創辦人張忠謀董事長，所以杜俊元董事長是張忠謀董事長和宏碁創辦人施振榮的老師。最早杜俊元董事長是在 IBM 紐約華生研究中心服務；1968 年杜俊元董事長的父親生病，由於杜俊元董事長非常孝順，所以立刻從美國 IBM 華生半導體實驗室回台陪伴父親，並投入國內學術及產業界，最後杜俊元董事長成為台灣半導體和記憶體 IC 封測的開路先鋒，並且於 1971 年創辦華泰電子及聯華電子。杜俊元董事長所創立的華泰電子，是臺灣第一家自資半導體公司，他當時出任首任總經理。杜俊元也曾在 1979 年被經濟部徵召任聯電首任總經理，**曹興誠當時是他的副手**。杜俊元董事長除了在事業上非常成功，還具有**品德高尚及氣度寬廣**的人格特質，所以長年擔任慈濟志工，為慈濟出錢出力，還在 1996 年將價值 15 億的土地捐給慈濟，擔任慈濟醫療基金會董事及大愛電視臺董事長。最後往生時，他捨身育才成為大體老師，像地藏王菩薩一樣。

> **案例問題 2-2-2**

杜俊元的領袖魅力如何經營企業及慈濟志業

上文已說明杜俊元董事長的人生故事，提供深刻影響力的啟示。杜董事長曾面臨許多挫折和困難，但透過堅持不懈的努力，成功走到了他所在的位置，並用自己的能力回饋社會。他的經歷成為了成功和失敗的教訓，讓人們理解在人生旅途中如何克服種種挑戰，如何在不同階段做出應變。

此案例將說明杜俊元董事長如何善用 **ONE TEAM** 帶領企業及慈濟走向國際。

（1）O/Obliging（**樂於助人**）：杜俊元的生命故事中，1996年的一個轉折很引人矚目。他和妻子楊美瑳捐出 15 億新臺幣購得高雄愛河旁的土地，興建成為高雄慈濟園區。這不僅是物質上的奉獻，更是對社會的規劃和關懷。他以實際行動實踐了大愛無疆的理念，將**樂於助人**的愛心和關懷，擴展到更大的社會範疇。

（2）N/Noble（**正直誠信的**）：杜俊元董事長謙卑及傾聽領導風格在慈濟組織中尤為重要。因為謙卑和傾聽，讓以慈善和志工服務為核心價值的組織形成**正直誠信**的文化及氛圍。此外領導者的謙卑和願意傾聽的態度，較能夠凝聚志工的共鳴（非營利組織），形成更強大

的合力。建立這樣的共識，不僅能使整個組織更加和諧，也有助於順利實現制定的策略。

（3）E/Encourage（**鼓勵的**）：杜俊元董事長經營企業時非常嚴謹及要求自己，所以對待員工較不夠有親和力，會以自己做事的態度及方法標準要求同仁。但董事長走進慈濟後，在慈濟證嚴上人的感化及薰陶下，就再也沒有責備過任何一位員工，而以感恩的心、**鼓勵的態度**來對待員工。杜俊元董事長進一步強調：「重要的是自我管理以及善解和包容。」這種管理風格表現出一種成熟寬容的領導者特質，因為在執著追求目標的同時，能夠善解包容及考慮到團隊成員的需求和意見，是有效的領導手段。

（4）T/Try Everything（**全力以赴**）：杜俊元董事長不管是在求學或創業期間，或是在慈濟的過程中，總是**全力以赴**選擇更有挑戰有意義的路，即使在艱苦的環境中也更堅定他的決心，仍不改變對慈善事業的**全力以赴**。華泰電子曾經在 2002 年受到景氣威脅瀕臨倒閉，但是杜俊元董事長為了華泰六千個家庭，變賣自己所有資產，並且在臺上九十度鞠躬說，會用生命**全力以赴**救公司。可以相信「**信己無私，信人有愛**」是杜俊元的座右銘。

領導人如何
打造組織健康的體質

對於成功的企業或組織,大部分人的印象一定是該組織的領導人及團隊成員是多麼優秀,企業獲利一定屢創新高,並且該企業在創新上一定不斷突破,領導人的思維一定很有遠見。但企業的成功關鍵一定這麼表面嗎?其實不然,因為根據過去管理學的研究,絕大多數企業都擁有成功的條件,例如**擁有充沛的資源**、**也擁有最聰明的人才**,但最後卻不一定能夠成功,就算一時成功了,也無法確保一再成功。若能確保一再成功,其背後成功的關鍵在於該組織擁有**健康的體質**。

所謂**健康的體質**指的是組織內或公司內並無**內部鬥爭**、公司制度**賞罰分明**、員工上班時**士氣高昂**、**員工做事循規蹈矩**、組織績效及員工績效高,並且最重要是**員工離職率非常低**等狀況。美國知名企管顧問藍奇歐尼(Patrick Lencioni),是美國知名管理顧問公司圓桌集團(The Table Group)創辦人兼總裁,也曾被《財星》雜誌選為「不可

不知的管理大師」，被《華爾街日報》選為美國「最搶手的商業講師」，在深入研究冠軍團隊的管理模式後，發現他們從未公開的成功祕訣或成功模式，正是企業與組織的體質優勢。

組織的體質優勢，是最常被企業**低估的競爭優勢**。藍奇歐尼曾指出，有高達 98% 的組織或公司，都將經營焦點或經營策略放在如何**讓組織更聰明更優秀**，他們把絕大部分的資源拿來投入策略、行銷、財務、技術等傳統領域的改善。但研究指出具備聰明才智，只是組織**生存的基本條件**，真正能讓企業與組織勝出，和成為組織常勝軍**一再成功的優勢**，卻是**組織擁有健康的體質**。

組織的常勝軍就如同摘下 NBA 年度的冠軍球隊一樣，綽號「禪師」的菲爾·傑克森（Phil Jackson），不但是 NBA 史上唯一擁有 11 枚冠軍戒的總教練，在當教練時更是創下當時 7 成的勝率，截至目前仍無人打破他的紀錄。傑克森曾經說過，冠軍球隊並非只是明星球員表現突出，或是隊伍中兵多將廣及經驗豐富，而是團隊成員間彼此合作、組織策略運用得宜而獲勝。藍奇歐尼也從他多年管理顧問的經驗發現，成功的領導企業**不只向外看，更向內看**，需要把**團隊合作及領導力**的基本功視為首要之務。此外，建立冠軍團隊需要**穩固組織的健康體質**，有賴領導者執行**四個管理金律**（表 2-3），包括（1）**建立團結的領導團隊**，擔負共同責任目標；（2）**創造組織透明度**，步調一致、上下一心；（3）**充分溝通**，不厭其煩重複策略目標；（4）**強化核心觀念**，必須

將核心價值一一制度化及落實。

四大金律是藍奇歐尼的執行重點,但前提是領導者和團隊成員都必須要有共同目標,共同負起責任及結果,才能真正成為一個團隊。一個團隊要成功及成為冠軍團隊,其領導者及團隊成員都必須發自內心真誠地接受 **5 個行為原則**(表 2-4),包括:(1)**建立信任**,真正團結的團隊是領導者及成員彼此信任,也就是團隊成員間能說真話地合作,因此建立信任是建立成功團隊最底層及最核心的價值。(2)**管理衝突的能力**,對團隊來說,衝突是難免且必要的,任何組織成員間的觀念及想法不可能完全一致。衝突並不是壞事,最怕的就是害怕衝突,團隊成員不思考問題所在,還一直隱藏問題,最後問題發生了,衝突更是難以收拾。所以領導人千萬不要害怕衝突及害怕問題,因為大家互相信任,衝突就是讓團隊找出最佳處理答案的過程。(3)**做出承諾**,承諾並非只是達成共識,領導者及團隊成員互相尊重持反對意見者,也就是成員都可以表達不同意的理由,最後再由領導者做出結論,使團隊成員可以遵循。(4)**負起責任並互相督促**,在體質健康的組織中,同儕壓力及互相督促的效果遠勝於領導者給的壓力,因為同儕的信任及督促能發揮團隊最大的力量。(5)**重視成果**,達到目標才是優秀團隊表現,一個團隊只有一個分數,不能只著重於自己的分數,或自己部門的分數,要著眼於整個組織的分數。

表2-3：冠軍團隊的四個管理金律

冠軍團隊的四個管理金律	說明
（1）建立團結的領導團隊	領導者及團隊成員一起擔負共同的責任目標，團隊成員願意無私付出及為團隊做出犧牲
（2）創造組織透明度	透明度是任何組織中信任和誠信的基礎，所以管理階層必須將公司的所有資訊公開給每一位員工
（3）充分溝通	讓公司內的不同意見可以充分表達，因為不但能讓目標愈來愈清晰，更能透過不同想法的溝通與交流，彼此所凝聚的共識更堅定
（4）強化核心觀念	組織必須將核心價值一一制度化及和核心化，組織唯有找對核心價值的人，給予他們舞台並充分信任，組織及企業未來才會成功

資料來源：對手偷不走的優勢／藍奇歐尼及作者自行整理

✚ 表2-4：真正團隊的五個關鍵要素

	內容
（1）建立信任	身為領導人和管理人，首要任務之一，就是獲得自己團隊的信任，並且遵守與團隊所做的約定或口頭承諾
（2）管理衝突的能力	對於團隊來說，衝突並不是壞事，害怕衝突才是問題的徵兆，身為領導人和管理人要不逃避及不害怕管理衝突，才能獲得團隊成員的信任與支持，要學習面對衝突，才能創造更大的信任
（3）做出承諾	領導者及管理者若做出承諾，就會有強烈的動力實現承諾，以保持主管行為的一致性
（4）負起責任並互相督促	同儕互相信任及督促能發揮團隊的最大力量，領導者也要有勇氣負起責任及承擔團隊成果
（5）重視成果	一個團隊只有一個分數，不能只著重於自己的分數，或是自己部門的分數，要著眼於整個組織的分數

資料來源：對手偷不走的優勢／藍奇歐尼及作者自行整理

案例問題 2-3-1

行於水上的玫瑰！Yahoo 大將鄒開蓮

「**什麼都有，什麼都賣，什麼都不奇怪！**」這句台詞讓台灣最大入口網站的 10 年業績成長 40 倍，並且逼退強勁對手 eBay 進軍。而成為「台灣電商教母」、率領公司橫跨歐、亞、美洲國際市場的，就是時任雅虎台灣總經理的鄒開蓮總經理（Rose Tsou）。鄒開蓮總經理在雅虎工作 20 年期間，她**敢於爭取**、敢於開創、敢於**帶領不同的風格**，認為領導者在組織中扮演著至關重要的角色，不僅需要**具備有效的管理技巧**，更需要擁有**激發和促動同仁**的動機與動念，所以在台灣雅虎創造出有別於一般的外商文化。外商**重視實力主義**，給人的感受較為競爭無情，但鄒開蓮總經理讓同仁感受到**真誠、信賴，並給予同仁空間**。我們將在案例中討論鄒開蓮總經理是如何做到的。

> **案例問題 2-3-2**

鄒開蓮：做一位領導者要對人有興趣

鄒開蓮 35 歲時就成為雅虎台灣區總經理，鄒開蓮總經理回顧這 20 多年能如此帶領團隊的卓越表現及創造佳績，這背後的元素就是一條領導心法：「表裡如一的溝通」。領導者是一個不斷成長和進步的過程，永遠有提升的空間，但領導者要持續學習、改進和適應，以確保能夠更好地履行領導職責。鄒開蓮總經理認為更重要的是，領導者應該注重**自我反思**，**接受挑戰**，並樂於**尋求回饋**，以不斷提升領導效能。本討論中將用**冠軍團隊的四個管理金律**，說明鄒開蓮總經理如何帶領團隊。

(1) **建立團結的領導團隊**：鄒開蓮有一句名言：「要建立關係，關係很重要！不要怕，用自己認為對的、相信的東西去感染別人。」這強調了在領導者和員工之間，建立良好關係的重要性。這不僅需要建立互信和尊重，還需要領導者敢於表達自己的信念和價值觀，以激勵和影響他人。透過真誠的交流和分享，領導者可以在職場上創造一個開放、有共鳴的氛圍，使每位成員都感覺受到重視和鼓勵。

(2) **創造組織透明度**：鄒開蓮總經理認為，身為領導者，就是要有非常大的熱情去溝通，也就是願意去說 20 遍，幫助所有員工，了解你

為什麼做這個決定，讓所有同仁了解公司的發展，以及你為什麼做這個決定。溝通與透明度很重要，因為**組織的溝通與透明度**，是提高員工參與度及認同度很重要的關鍵要素。

(3) **充分溝通**：鄒開蓮總經理認為不要期待每個人都跟你一樣有熱情，所以領導者的責任就是一直溝通，永遠要花時間跟你下面的人溝通，也就是不厭其煩地跟全部員工**一直溝通、一直溝通**。

(4) **強化核心觀念**：鄒開蓮總經理認為，組織領導者及管理者的核心角色就是「影響人」，讓團隊中每一個人有戰力、有成就感、有尊嚴，領導者手上每一片拼圖(員工)不可能一模一樣，因此拼拼圖時不能「硬拼」，而是要把對的拼圖放在對的地方。組織唯有找對核心價值的人，給予他們舞台且充分信任，組織及企業的未來才會成功。

領導者如何帶人及帶心

根據蓋洛普的全球研究調查顯示，**70% 的員工敬業度和領導者的領導方式有直接關係**，因為領導者在帶領團隊完成任務的過程中，是否協助解決每位員工任務、激勵員工士氣，都是領導者在帶人帶心不可或缺的要素。一個懂帶人帶心的領導者會讓人自然願意追隨，並能創造員工自律的態度及團隊合作的精神，

真正帶人帶心的核心原則，是願意**聽取同仁的聲音及重視他們的反應**，並且在之後做出公司的**實際改變及行動展開**，因此領導者在帶人帶心的過程中，**必須同時兼顧結果和過程**，而不能因為**重於結果而忽略過程**。當同仁盡心盡力後，但**結果表現不好**而招致主管責罵時，會導致員工**士氣低落及信任降低**，因為其實員工在過程中是非常努力地完成任務及目標的。不過，領導者也不能過於看重過程而**忽略結果**，因為忽略結果會讓員工及團隊失去**目標及任務**。唯有**重視結果及過程**，

才會讓員工相信領導者真的聽到他們反映的意見及需要的協助，最後完成公司所賦予的目標及結果。這樣的過程就是所謂的**帶人帶心**，即**對員工保有同理心的基本準則**，這對於員工績效表現會有直接影響，對員工士氣及凝聚力的影響更甚。所以身為領導者，要學習和同仁溝通及對話，這是**帶人帶心**的必修課。

領導者在帶領員工前進目標及願景的過程中，必須在動態環境的變化中帶領員工改革，在這個過程中，領導者就扮演著至關重要的角色。領導者不僅需要理解動態環境變化的原因，還需要調整自己及告訴團隊員工一起適應這些變化的能力。團隊同仁在適應的過程中會遇到挫折及面對改變，所以領導者如何妥善處理同仁的問題、如何妥善面對同仁，將是一大要務。

信任員工，他們就會真誠對待領導者（參考表 3-1）；勇於面對公司的改變，**尊重員工**，他們就會表現自己最好的一面讓公司更好，讓團隊**更凝聚及接受挑戰**。其實帶人帶心是領導者和員工人際關係非常重要的一環，它不是領導者與員工之間的單向權力關係，而是相互影響的**雙向溝通過程**，包括領導者如何與同仁**溝通及激勵同仁**，才能真正達到彼此雙方**溝通的共識**。另外，領導者如何**以身作則及影響員工**，都是端看領導者的態度及做法。由於領導者所產生的**信任及尊重**是需要持續累積的，所以領導者的**言語行為**就必須從**一開始做起**，讓團隊營造友善的環境，讓團隊成員互相信任依靠，共同朝目標努力。

表3-1：領導者帶人帶心的方式

領導者要如何帶人帶心	內容
（1）領導者要尊重員工	尊重員工是公司重視員工的意見，並且立即調整公司的作法
（2）領導者要信任員工	傾聽並尊重員工的觀點是建立信任的關鍵。當員工與領導者溝通時，必須給予他們充分的注意和回饋
（3）領導者要傾聽員工	用心聽懂員工的話，才會知道如何適當回應，達到與員工有效溝通的目的，並讓員工參與討論、達到有效對話
（4）領導者要協助員工	領導者平時要關心員工遇到問題，並從中關心及協助處理
（5）領導者要激勵員工	領導者要為員工營造有活力的工作環境，隨時為員工打氣及即時讚美
（6）領導者要影響員工	領導者用對的語言及對的領導風格指導員工，將會產生領導者個人的魅力，進而產生影響力

資料來源：作者自行整理

案例問題 2-4-1

世紀奧美公關董事長丁菱娟，用咖啡與部屬交心

帶人要帶心，如何用咖啡與部屬交心？世紀奧美公關董事長丁菱娟說明如下：丁菱娟被譽為**台灣公關之母**，認為女性細膩溝通能力，能在**生活、職場**、甚至**社會**帶來更大**影響力**。

1. 帶人要帶心這件事，經常無法用會議與報告來完成。
2. 喝咖啡時多聽、多問、多關心。
3. 不要說教，而是站在員工立場聆聽。

丁菱娟董事長認為領導者要成為有**影響力**的人：要以**利他**為出發點，為社會做出貢獻，讓世人懷念、尊敬，是實踐不朽精神的表現。一個好的個人品牌必須具備正確的理念和價值觀，並且重視言行一致，讓自己的所作所為能對社會產生正面影響，尤其是領導者及管理者更要以身作則，並且擁有**開放的心胸和寬廣的視野**，讓優秀的部屬在團隊中感到自在和被尊重，這更是領導者成功的關鍵。領導者的胸襟不僅表現在對待成員的包容和理解上，還表現在能夠接受和激發不同意見的能力，這有助於促進創新和團隊的協同工作。案例討論中將告訴讀者丁菱娟董事長擔任**領導者帶人帶心的方式**。

> **案例討論 2-4-2**

丁菱娟董事長認為給出信任，才能得到信任

資源在組織中的體現往往是**人才**，適材適用是領導者在管理團隊時必須學會的重要原則。丁菱娟董事長所言：「身為領導人，不用是最有能力的人，但要有大肚與胸襟讓優秀的人在團隊裡有很舒服的位置。」這句話強調了領導者的胸襟和寬容心的帶領方式，而非單純看重領導者或個別員工的能力，這樣才是構建強大團隊的關鍵。丁菱娟董事長在擔任**領導者時帶人帶心的方式如下**。

（1）**領導者要尊重員工**：丁菱娟董事長要求主管每一季都一定要與員工深度對話，尊重且關心他們的成長及學習，並寫成報告。唯有誠心去尊重及關心員工，他們才會體會到自己不是企業獲利的工具，而是受到尊重與關懷的，員工也會為待在有溫度的企業而覺得驕傲。

（2）**領導者要信任員工**：丁菱娟董事長認為不信任員工是領導者最大的損失。因為領導者會變得疑神疑鬼，同樣也失去員工的信任。因此了解到領導者若選擇相信員工，其實是帶領團隊的最大關鍵。

（3）**領導者要傾聽員工**：丁菱娟董事長認為不思考的人在職場上會吃大虧，所以領導者在學溝通之前，要先學習傾聽，同時要將心比心。而且職場上什麼樣的人都有，所以溝通時要多一點同理心，多一

點為他人設想，這樣一定不會有大錯。

（4）**領導者要協助員工**：丁菱娟董事長認為做主管的必須要協助員工，要替員工多想一點及多關心他們，並且適時給予員工新的挑戰及新的建議，這樣員工在新的學習下才有動力，企業也才能留住人才。

（5）**領導者要激勵員工**：丁菱娟董事長認為優秀的主管要懂得挖掘下屬的優勢，並且不斷激勵他們，讓他們適才適所。但這件事不容易，所以做主管的都要克服害怕下屬不聽話的恐懼，主管要有足夠的自信，才能處理下屬的不同想法。

（6）**領導者要影響員工**：丁菱娟董事長最在乎和重視的不是名利，而是發揮影響力。唯有帶著誠信、努力、堅持、勇敢等正向能量，才能影響別人，對世界有貢獻。

本章重點導覽

-
-

1、 組織最大的敵人往往不是市場或競爭對手,而是組織內部門不協調、同仁目標不一致,或組織沒有共同目標。

2、 組織即使擁有最優秀及最聰明的人員,也無法發揮效果及產生綜效,這背後最大的原因及關鍵要素,就是該組織缺乏健康的體質。

3、 所謂組織健康的體質就是指企業要有永續經營、對社會及員工善盡責任、強化組織及人才資源體質,而且最主要的是企業經營本質上要有正直的理念及價值觀,正直的理念及價值觀不會導致組織內部因政治角力而內耗。

4、 帶領團隊創造價值前,首先必須讓團隊的每位成員都能為自己的角色創造價值,更重要的是團隊領導者是否有給予團隊願景及凝

聚所有團隊成員的心。

5、 領導者及團隊成員間一起擁有發自內心為團隊創造價值的信念，讓整個團隊及組織可以自主運轉，團隊成員也可以自由發揮，在企業的正常運作系統中達到最佳表現及績效。

6、 領導者要用心留意、用心觀察、用心把握及用人熱情，才能帶領團隊創造價值，現在是屬於跨界的時代及跨領域的整合，因此每一個行業都必須借力及整合，因為創造資源不易，唯有整合資源才能為團隊創造價值。

7、 當責的人通常是領導者及管理者居多，他們的存在有兩個目的，第一是為組織或是團隊達成目標，第二是凝聚團隊的向心力。

8、 即使團隊內有明星球員或特別優秀的成員，團隊成員間都有一項默契，就是即使個體是獨特的（明星球員或優秀成員），但心只有一個（凝聚的心，無私的心），分數也只有一個（團隊的分數，合作的分數）。

9、 根據過去管理學的研究，絕大多數企業都擁有成功的條件，例如

擁有充沛的資源，也擁有最聰明的人才，但最後卻不一定能夠成功，就算一時成功了，也無法確保一再成功，若能確保一再成功，背後的關鍵在於該組織擁有健康的體質。

10、所謂健康的體質指的是組織內或公司內並無內部鬥爭、公司的制度賞罰分明、員工上班時士氣高昂、員工做事循規蹈矩、組織績效及員工績效高，並且最重要的是員工離職率非常低等狀況。

11、研究指出具備聰明才智，只是組織生存的基本條件，真正能讓企業與組織勝出、成為常勝軍一再成功的優勢，是組織擁有健康的體質。

12、成功的領導企業，不只向外看，更向內看。需要把團隊合作及領導力的基本功視為首要之務。另外，想建立冠軍團隊，需要穩固組織的健康體質。

13、領導者應執行四個管理金律：（1）建立團結的領導團隊，擔負共同責任目標；（2）創造組織透明度，步調一致、上下一心；（3）充分溝通，不厭其煩重複策略目標；（4）強化核心觀念，必須將核心價值一一制度化及落實。

14、真正團隊的五個關鍵要素：(1) 建立信任；(2) 管理衝突的能力；(3) 做出承諾；(4) 負起責任並互相督促；(5) 重視成果。

15、70% 的員工敬業度和領導者的領導方式有直接關係，因為領導者在帶領團隊完成任務的過程中，是否協助解決每位員工任務、激勵員工士氣，都是領導者在帶人帶心不可或缺的要素。

16、真正帶人帶心的核心原則，是願意聽取同仁的聲音及重視他們反映的意見，並在之後做出公司的實際改變及行動展開。因此領導者在帶人帶心的過程中，必須同時兼顧結果和過程。

CHAPTER 3

領導者要如何帶領組織變革及創新學習

想要在快速變動的環境及全球化時代生存下去，企業唯有**持續改變**才能因應，甚至要**組織變革及創新學習**，才能**永續經營及超越競爭對手**。因此企業裡各種**組織變革專案的推動**，及員工持續**創新學習的改變**就變得勢在必行。企業推動**組織變革**及創新學習時，一定會是艱辛且挑戰不斷的過程，因為組織變革會造成**文化及員工**的衝擊，**創新學習**會造成**員工**的不適及壓力，所以企業除了要縝密地計畫與落實執行外，更重要的是必須由上到**領導者貫徹**，下到**管理者執行**，讓企業內所有員工都有組織變革及創新學習的**認知及準備**。

隨著企業競爭劇增，**創新文化**已經成為團隊和組織發展的強勁推動力。創新文化必須**集體**推動，也必須**從小處著手**，要求每位員工都透過學習來主動思考，啟發他們的創新思維及創新學習，進而透過小小的改變，成為**企業創新的提案者**。另外，領導者及管理者也要適時提出創新學習的建議與方向，最後讓組織中充滿**學習文化**的氛圍。在學習文化的帶動下，組織將會不斷適應**組織變革及組織再造**，並且讓企業內員工都有**創新的 DNA**。

企業為何要組織變革

組織變革（organizational change）最早的概念是來自於**組織行為學**，而近年來為了在快速變動的時代生存下去，企業就必須持續改變，推動**組織變革**（organizational change）或**組織再造**（Organization re-engineering），因此不論在學術研究或企業管理實務上，都引發相當的關注與討論。企業組織的變革有小也有大，小的組織變革可能是在部門內推動新的想法或做法，大的變革可能是部門間的合併，或是事業單位間的合併。例如在 2011 年時，全球經濟動盪及財金領域變動極大，不僅股市、債市、匯市及原物料等交易市場皆創新低，許多國家的政府便推出組織變革及組織再造，我國政府當時也重視組織再造、改善國家組織架構。另外，日本航空經歷兩次總裁領導的變革失敗，四次資金援助，仍然於 2009 年度面臨破產命運。2010 年 1 月，日航背負 2.3 兆日圓的負債（約新台幣 7000 億元），因為經營不善而向東京法院申

請適用《公司更生法》,等於宣告日航公司破產。同年日本航空也就面臨下市,下市後還面臨資遣 1 萬 600 名員工的困境。當時日航破產,是日本政府戰後最大企業破產案例,令日本政府顏面盡失,時任日本首相鳩山由紀夫為了不讓日航就此折翼,親自登門邀請潛心修佛、準備安度晚年的企業家稻盛和夫再度出馬,擔任這家破產公司的董事長。但為什麼 2010 年稻盛和夫領導的日航變革,能讓日本航空於 2011 年初即終結再生手續,還創下日本航空六十年來最高獲利成績?經歷過日本航空破產及 2011 年全球經濟動盪後,各國政府已經逐漸開始重視國家及企業的組織變革,以及國家組織再造與企業組織再造。

在國家及企業面臨組織變革及組織再造之際,領導人必須妥善面對組織改造及內部員工溝通。過去素以**研究變革聞名**的領導學大師與哈佛大學商學院教授**科特**(**John Kotter**)的研究指出,只有 **30% 的組織變革是成功的**,也就是有高達 70% 的變革是失敗的。**科特**與德勤企管顧問公司合夥人**科恩**(**Dan Cohen**)在兩人合著的書籍《引爆變革之心》(The Heart of Change)中指出,在快速變動的時代中,企業唯有掌握變革的現實及速度,才能成為最後贏家。另外,在學理及學術研究上,學者 Leavitt 其實早就在 1965 年提出組織變革。Leavitt 認為組織或企業面臨變革的壓力時,所採取的組織變革途徑可以歸納為下列三種:(一)結構變革,(二)行為變革,(三)技術變革。Hamell 與 Prahalad 更於 1990 年將企業變革擴大為(一)策略變革、

（二）技術變革、（三）任務變革、（四）人員變革、（五）文化變革。為了讓讀者更加了解，我將知名學者所提出的組織變革整理如表3-1。Hammer 與 Champy 也指出，必須重新思考及重新設計組織運作方式，才能提升組織效率及組織績效。Boyle 和 Desai 在 1991 年就提出 20%~30% 的企業需要組織變革，而在今日瞬息萬變的產業環境及數位時代中，企業再也無法墨守成規，必須隨時因應外在環境的改變，調整企業內部組織、提升競爭力。

✚ 表3-1：組織變革的途徑及基礎

組織變革的基礎	內容
（1）結構為基礎的變革	針對企業組織的架構層級、整體設計及規劃所進行的改變
（2）策略為基礎的變革	針對如何利用環境機會與如何面對環境威脅，改變組織的思維與策略
（3）技術為基礎的變革	針對工作生產流程、生產方法、生產技術、控制系統與資訊系統，所進行的變革與修正
（4）任務為基礎的變革	針對工作內容、工作程序及工作步驟所進行的調整及修正
（5）文化為基礎的變革	包括改變組織原有的價值觀、工作習慣與工作行為，也就是企圖利用一套新的價值或新的體系，來替代舊的價值或舊的體系
（6）人員為基礎的變革	藉由改變員工的認知、學習、態度及能力，期望人員可以創造組織結構變革

資料來源：Leavitt（1965），Hamell 與 Prahalad（1990）及作者整理

案例問題 3-1-1

稻盛和夫在帶領日航時，公司是處於何種狀態？

（一）內部充滿不信任（勞資對立）

（1）公司幹部懷疑員工的熱情。

（2）公司員工懷疑公司主管的領導及經營能力。

（3）部門間互相扯後腿。

（4）公司內部缺乏認同感及團隊合作精神。

（5）公司高層挖苦新任董事長稻盛和夫。

（6）公司呈現官僚體質。

（二）經營出問題

（1）航運成本問題：日本航空有 100 多架波音 747 飛機，也是全世界擁有最多大飛機的航空公司，因此耗油量成為日本航空最大的問題。當時要處理一些飛機，但沒有航空公司願意接手。

（2）人事成本問題：日本航空的大飛機機種多，需要更多維護人員及飛行員，所以比其他航空公司耗費更多人事成本。

（3）航線成本問題：日本航空有 150 多條國內航線，但搭乘率超過 70% 的航線卻不超過 20 條，導致日本航空年年虧損，甚至造成未來破產的困境。

案例討論 3-1-2

稻盛和夫如何帶領日航意識改革，走出破產

稻盛和夫董事長帶領日本航空的人事管理方式如下：
（1）按照部門劃分，和日本航空各個部門幹部開會討論。
（2）每週和幹部定期討論及溝通，增加主管們的共識。
（3）每月召開員工大會，讓員工知道公司對他們的重視及關懷，增加所有同仁的向心力及凝聚力。

稻盛和夫董事長帶領日本航空的財務管理方式如下：
（1）建構利潤中心。
（2）出售非航空業務，重心放在航空業務（出售酒店及食品）。
（3）淘汰效率差的客機（將部分大型客機淘汰），然後導入中、小型客機以縮減開支。
（4）調整日航人員數量、薪資和公司福利制度，降低最主要的人事成本。
（5）停飛長期虧損且難以獲利的航線。

以上為稻盛和夫董事長在人事管理和財務管理方面，帶領日本航空的經營理念及經營方式，下個單元將會更深入探討稻盛和夫在擔任領導者時，是如何帶領日本航空的處世哲學。

案例討論 3-1-2（續）

「**唯有謙卑的領導者能創造出合作的團隊，並使之導向和諧、長遠的成功**」—稻盛和夫。

稻盛和夫曾說：「大計畫一定要所有員工都來參與，並把這項計畫變成大家一心達成的幾個目標。」這句話簡潔卻充滿力量，凸顯出集體合作的驚人效能。想像一下，如果我們能夠匯聚那些對共同目標抱持熱情並且樂意攜手合作的人，他們的力量將會交織在一起，形成強大的凝聚力。這種凝聚力在建立共識的過程中，扮演著不可或缺的關鍵角色，因此稻盛和夫就在日本航空倡導「**自利利他**」，也就是自己獲利的同時，也要造福他人。稻盛和夫也讓「敬天愛人」的觀念及理念注入日本航空，建立起稻盛和夫所引導的企業文化，這樣的企業文化形成精神激勵，塑造員工的責任感及使命。稻盛和夫也說過：「我們的員工因為有失敗的餘地，因此有勇氣不斷接受新挑戰，更賣力工作。」這種勇氣和熱情正是源自於共鳴和認同。在團隊中，每個人都感受到他們是共同目標的一部分，他們的貢獻對於整體的成功至關重要。這種影響力不僅展現在內部，也會影響到他們周圍的人，並且激發更多人參與和投入。

企業為何要定組織變革需求及組織變革目標

-
-

　　組織變革的需求，是指企業為了適應外部環境或企業內部需求的變化而提出組織變革。**Lundberg** 提出，之所以產生組織變革的需求，是因為組織遭受外部環境的變化，且組織內部也感受到明顯壓力，因此要擬定策略及推動組織變革，因應環境的轉變及衝擊。**Jick** 更在研究中發現，組織為因應內外環境的挑戰與考驗，必須隨時自我調整及因應環境變化，才能維持企業生存發展。這種自我調整的過程就是組織變革的需求，包括適應新的法令、提出技術創新、提升產品及服務創新、提升組織效率，以因應競爭者的嚴重威脅及消費者偏好行為的改變（表 3-2）。**謝安田（1985）**認為組織變革是指組織受到外在環境變化下，而導致組織變革的發生，例如企業併購或企業降低成本。

　　大多數領導者在想達成**組織變革目標**的時候，往往只關心組織變革的結果，而忽略組織變革的過程，這會導致團隊失敗，因此 Carnall 強

調,組織變革的目標固然是為了提升及改進組織效能,但必須隨時和團隊成員溝通及形成共識,再落實組織變革的推動及執行。Garvin、McGill、Slocum、Lei、Torbert 等人則認為**組織變革目標**就是讓企業員工成為**學習型組織**,以因應外在環境變化及維持競爭力。

✚ 表3-2:組織變革的需求

產生組織變革需求的原因	內容
(1) 產品及服務創新越來越快	產品及服務的創新及改變,才能快速進入市場及提升競爭優勢,必須有組織變革才能改變
(2) 競爭對手快趕上你	企業必須從科技、組織到員工心態,都做好全面組織變革,才會讓競爭對手趕不上
(3) 提升組織效率及績效	應用組織變革才能改變組織成員的思考邏輯及做事方式,然後改變其行為,進而提升工作效率及工作績效
(4) 企業獲利開始減少	企業完成組織變革及轉型,才能有效控制成本及提升獲利
(5) 適應新的法令	組織變革必須重建、再生及再造,才能適應新的法令及面對新的市場

資料來源:作者自行整理

案例問題 3-2-1

黃仁勳創造人工智慧浪潮，站上科技業領先群雄

　　黃仁勳（Jensen Huang）是臺裔美國企業家及知名電機工程師，是 NVIDIA 的聯合創辦人暨執行長。1963 年出生於台灣台南，9 歲時被父母送到美國，16 歲高中跳級畢業，先在奧勒岡州立大學取得電機工程的學士學位，後於史丹佛大學獲得電機工程碩士學位，1993 年創立了 NVIDIA，專注於 GPU（圖形處理器）的開發。由於黃仁勳的創新思維及積極的領導風格，加上 GPU 用於 AI 運算，因此 NVIDIA 很快就在 GPU、深度學習、機器視覺及人工智慧（AI）技術領域，帶領全球科技創新。黃仁勳在企業上不斷進行組織創新及組織變革，讓 NVIDIA 在人工智慧及自動駕駛等各個領域不斷突破及創新，並成為 CES 巨星。在以下案例討論中，將告訴讀者黃仁勳如何帶領組織創新。

> **案例討論 3-2-2**

靈活應變創新，黃仁勳成 CES 巨星

　　本案例將深入討論黃仁勳的創新 DNA 是如何散發的。黃仁勳有句名言：「要跑起來，不要用走的！」（RUN！Don't Walk！）讓我們思考如何在不同環境中提出變革，以實現個人和社會的進步。黃仁勳認為現在正是充滿機遇和挑戰的時代，每個行業都面臨著變革的壓力。我們不能被動地等待變革發生，而應該積極主動地引領變革。正如黃仁勳所提醒的，我們需要「跑起來」。總之，無論我們面對何種挑戰，我們都應該跑起來，充滿決心地追求變革和進步。只有這樣，我們才能在不同領域實現夢想，創造出更美好的未來。NVIDIA 晶片的最大優勢是花近 20 年時間開發出來、加速繪圖晶片運算以供 AI 應用的 Cuda，這形成競爭對手很難超越，也**很難趕上**的強大 NVIDIA。另外，NVIDIA 提供的解決方案，可為任何規模的企業人工智慧和高效能運算工作負載提供突破性的效能，也因此讓 NVIDIA 的**產品及服務越來越創新，在獲利上也提升組織效率及績效**。在面對環境改變時，有時候甚至需要顛覆原有的觀念，這意味著要勇於挑戰既有的想法和做法，透過重新創新及重新構想來適應變化。

組織變革抗拒的原因
及如何降低與改變

　　任何企業都需要不斷地成長和改變，尤其企業的獲利成長更是不變的事實，因為當在面對企業永續經營及企業長期獲利時，企業在領導中最為關鍵的因素，就是先前所提的組織變革及組織改變。但企業在組織變革時常會遭遇到企業組織內部的衝突及阻力，因此變革與抗拒兩者是如影隨形的。德國心理學家庫爾特・勒溫（Kurt Lewin）的組織變革模型，就為組織變革理論及組織抗拒的研究奠定了基礎理論，將組織變革抗拒的過程中分為三個階段，分別是（1）解凍（Unfreezing）、（2）實施變革（Change）及（3）再凍（Refreezing）。此模式強調行為和態度的改變，因為在解凍過程中會產生兩個主要力量的拉扯。**一個是驅離的力量**，所謂驅離就是希望透過**組織變革**來改變現狀，這些現狀包括組織原有的文化、制度、技術及策略等。另一個是**滯留的力量**，所謂滯留就是不想改變現狀，例如組織內外會產生一些抗拒的

聲音及行為。因此領導者為了讓組織能夠改變，同時降低組織中的衝突與阻力，通常會採取三種方式，分別是（1）**增強驅離的力量**，（2）**降低滯留的力量**，（3）同時**增強驅離及降低滯留**的力量。若力量從一開始的適度到逐漸增強，就是降低組織變革衝擊及阻力最好的方式。

第一步驟解凍完成後，組織團隊成員就可以引入組織的變化及改變，但通常無法確保變化能一直持續下去，所以為了維持新的狀態及新的改變，必須重新凍結。在重新凍結的過程中，必須搭配組織的其他制度及配套措施，才能維持甚至加強。若未能維持及加強改變行為，此時員工及組織又會回到原本的狀態，先前所做的組織變革就功虧一簣了。倘若此次組織變革被認同及成功，未來公司後續所推動的組織變革及創新將更深具信心。

勒溫是現代社會心理學、組織心理學和應用心理學的創始人，被稱為「社會心理學之父」，他的三步驟模型為相關理論的研究奠定了基礎，許多組織變革的專家都用來參考及研究。其中**科特**所提出的八步驟模型（參考表 3-3）就是以勒溫的模型為基礎，然後強調領導力和溝通重要性，並提供循序漸進的變革路徑。現在科特是現代最著名的領導力專家，更是組織變革最具權威的代言人及領導變革之父，著有多本暢銷書，包括**領導人變革法則**（Leading Change）、**領導**（Leadership）、**企業文化**（Corporate Culture）等。

Chapter 3 領導者要如何帶領組織變革及創新學習

✚ 表3-3：組織變革之科特八步驟模型

科特的 8 步驟變革模型	內容
(1) 營造急需變革的危機感	組織變革的第一步，是讓員工意識到不變革所帶來危機
(2) 建立領導變革團隊	變革團隊最好是在不同部門及位階有影響力的成員
(3) 制定願景與策略	釐清組織未來目標和達成策略，為變革團隊指引方向
(4) 溝通變革的願景	透過不同管道及平台來溝通願景，確保組織成員理解並支持
(5) 消除障礙	移除組織變革的障礙，提供必要資源及鼓勵團隊成員參與
(6) 產生短期勝利或效果	設定變革可達成的短期目標，讓團隊體驗成功，然後增強信心
(7) 鞏固成果，並不斷持續推動	利用組織變革初步成功，持續調整及推動，直到變革成功
(8) 將變革精神融入組織文化	將變革融入組織文化及營造創新思維，並維持長期效果

資料來源：科特和作者自行整理

通常企業組織變革會使某些人的地位有所降低，或是害怕失去公司既有利益或權利，甚至擔心會影響到工作內容或工作機會，所以組織變革過程中通常會引發員工的退卻，或是抗拒組織的創新或變化。最早提出組織變革之一的知名學者Hodge與Johnson（1970）就曾經指出，對組織變革感到抗拒最主要的原因有以下七點：（1）個人地位有可能降低，（2）引起恐懼，（3）影響工作，（4）降低個人權威或工作機會，（5）改變工作規則，（6）改變團隊關係或群體關係，（7）未向組織成員解釋，且組織成員為參與組織變革計劃。因此當組織成員因組織變革產生以上狀況時，領導者不應防堵及壓抑員工的抗拒心理，應該積極面對員工抗拒的原因，勇於聆聽員工的意見及問題，以消除或平撫員工驚惶的心態及想法。

為了有效化解員工內心的不安及對未來的不確定感，企業必須在組織變革的過程中及之後，隨時和組織成員間保持溝通及順暢的。學者Fossum（1989）就特別強調領導者要隨時和組織成員溝通，要有同理心對待組織成員。知名學者科特和Schlesinger（2006）更為了降低組織成員的抗拒，建議企業領導者可以透過六種途徑降低組織成員的不信任及誤解（參考表3-4）。

✚ 表3-4：降低組織變革衝突的解決方式

六種降低組織變革的衝突	內容
（1）教育與溝通	抗拒的主要原因通常是公司和員工對於組織變革的內容產生不對稱資訊，所以公司必須透過內部教育訓練和溝通的方式討論
（2）參與及融合	讓組織變革中的成員可以直接參與公司的改變，降低對未來的不確定
（3）協助與支持	公司透過關懷員工，主動提供協助與支持，降低員工內心的不安
（4）談判與共識	公司提供誘因及資源，和員工主動談判與討論，以取得彼此信任與共識
（5）操縱與買通	操縱與買通雖然是低成本的操縱方式，但必須妥善運用或是不用，因為這是比較不好的處理方式，但或許有效
（6）直接與間接控制	這是公司最差的處理方式，會造成彼此不信任，所以建議少用

資料來源：科特和 Schlesinger（2006）與作者自行整理

案例問題 3-3-1

台積電在組織變革的正面及負面討論

　　過去組織變革與裁員往往彼此相關，因為在組織變革的過程中，營運困境或營收獲利持續衰退，都會影響公司未來的發展，公司勢必得將不必要的功能或部門切割掉。國際科技業龍頭公司 IBM 就因為硬體已經不再賺錢時，不斷拼命出售硬體部門，在 2015 年就將近裁員 11 萬人。在 1993 年推動改革的 IBM 執行長葛斯納，當時也改變 IBM 的組織願景、組織文化及組織制度，並在 2013 年寫了一本改革的暢銷書《誰說大象不會跳舞》。這個例子在國外適用，但在國內一定試用嗎？舉例來說，2009 年 9 月台積電為了因應金融海嘯的景氣寒冬及嚴峻的成本挑戰，當時的執行長蔡力行決定裁員 5%，豈料被解僱的台積電員工舉著「台積電說謊」的牌子，逕自跑到已退休的張忠謀住家外抗議，造成台積電全體員工士氣低落，這是造成組織變革失敗的例子。2009 年，78 歲的張忠謀回鍋任職行長，召回被解僱的員工，重新組織再造及營造團隊正面氛圍及凝聚力，接著處理台積電 40 奈米良率卡關的問題，在正確的道路上不斷組織變革及創新，打造台積電的規模優勢。

創新，不只是嘗新，還要確切執行。

案例問題 3-3-2

張忠謀的管理學：做對的事，常有好報

張忠謀董事長曾說：「落實企業文化是企業的首要之務。」德國及日本在二次世界大戰後為什麼能迅速復興，就是因為擁有堅強的民族文化。同理，如果企業沒有文化，就等於沒有靈魂。企業想要有好的企業文化，領導者就要做對的事，公司才有好報。當時執行長蔡力行裁員後，對台積電的企業文化衝擊很大，因為違背當時張忠謀董事長要將台積電打造為「幸福企業」的模範。裁員也違背公司的企業倫理及衝擊台積電保有的企業形象，因此當時張忠謀董事長認為裁員時，沮喪的不只是被裁的員工，而是全部的員工。因此 78 歲的張忠謀在 2009 年回鍋擔任執行長，召回被解僱的員工，並且精神喊話台積電說不需要裁員，才打造出**台積電的世界級護國神山**。

組織變革的學習型組織

-
-

為因應快速變動的環境及全球化加速,企業唯有**持續學習及持續改變**才能適應,並挑戰未來的時代競爭。企業要推動**組織變革及創新學習**,員工要持續**自我成長及勇於改變**,才能培養創新的能力及前瞻思維。這樣的學習過程是始於個人、團體、組織,甚至組織的社群中要不斷自我突破及打破框架,這種成長的組織稱為學習型組織。

學習型組織的思潮是起於1965年佛瑞斯特(Jay Forreste)的「企業的新設計」論文,佛瑞斯特是美國麻省理工大學教授及傑出的技術專家,當時是以系統動力學為核心,非常具體地構想出企業未來的理想形態,可以是層次扁平化、組織資訊化及結構開放化的,也因此發展出學習型組織的雛型及藍圖。之後他的學生彼得聖吉(Peter Senge)用了近十年的時間,對數千家企業進行個案研究及討論,認為學習型組織中的成員能不斷拓展能力及追求自我突破,這些研究成果之後在

1990 年出版為《第五項修練：學習型組織的藝術與實務》一書，掀起在學界與實務界所探討的學問及應用的實務風潮。彼得聖吉認為學習型組織的關鍵在於從局部回歸到整體，要在組織內部培養出全局觀和系統觀，認為企業不應該將管理團隊花在爭權奪利及 KPI 上，把組織塑造成每個人都在為團隊的共同目標而努力，維持組織團結和諧的外貌，也就是企業以目標及績效為導向，管理者只負責制定考核目標，企業員工只遵循及承擔目標責任，因而過度依賴 KPI 測量考評及關注短期業績考核，排斥許多無形的觀點，總是認為管理就是控制及要求，結果造成組織內員工同質化，組織間也因個體過度競爭而產生不信任，這會造成許多行為及心理上不說的衝突。另外更可怕的是，管理者認為組織間沒有競爭就不會有創新及挑戰，幾乎把組織中每個人都變成螺絲釘或工廠生產線的員工，這樣管理者的目標管理其實是真正摧毀員工的自信、尊嚴及好奇心，更嚴重的是消磨了員工的內在學習動機及動力。當組織間的集體智慧及集體活力消失了，員工就會越來越辛苦，在高壓下工作，以行為上的努力來掩飾思維上的怠惰，既不敢犯錯也不敢講錯，每天滿足於重複的工作及行動。這樣長期發展下去，會造成員工熟練但沒有創新，甘於平庸及自掃門前雪的自私自利。每個人都只關注於自己的職位及利益，而忽略企業整體的系統觀及全決觀，最終導致劣幣驅逐良幣。彼得聖吉為了打破舊式管理的思惟，提出第五項修練的學習型組織，見表 3-5。

✚ 表3-5：第五項修練-學習型組織

第五項修練	內容
第一項修練：自我超越	在組織中培養自我精進及自我實現的能力，以求突破及超越
第二項修練：改善心智模式	打破傳統框架，有效表達自己的想法，並以開放的心靈容納別人的想法，避免自己主觀意識
第三項修練：建立共同願景	將個人願景整合成組織共同願景，並培養組織成員主動且真誠投入，而非被動接受組織要求
第四項修練：團隊學習	組織成員間透過對話與溝通，創造集體智慧及團隊學習，然後產生集體創造及集體創新的能力及文化
第五項修練：系統思考	必須做長遠考量及全面性思考，也必須全面深入地探討及解決問題，而非單獨考量

資料來源：彼得聖吉（1990）和作者自行整理

案例問題 3-4-1

學習型組織的標竿企業——宏碁集團

宏碁集團在施振榮董事長帶領之下，經歷多次的企業改造及組織改革，面對無數次的挑戰與目標。宏碁集團始終堅持創立品牌之路，最後打造出國際馳名的「acer」品牌。宏碁集團及所有員工投入的精神與堅持，是大部分企業所難堅持的。為了因應全球化的競爭及人才競爭，宏碁集團除了做好員工培訓，更要做好人才管理，便逐漸導入完善培訓人才發展的 e 化環境，協助員工養成工作知識及技能，塑造**高效能的學習型組織**，增強宏碁集團營運效率與全球競爭力，持續擴展全球版圖，最後讓宏**碁集團成為學習型組織的標竿企業**，是所有企業的學習對象。

學習型組織的五個修煉是自我超越、心智模式、共同願景、團隊學習與系統思考，每一項都不可或缺。其中，系統思考更是五個修煉的核心。在下個單元的案例討論中，將說明施振榮董事長是如何導入 **5C 管理的學習型組織**，及學習型組織的五個修煉在宏碁集團如何形成。

案例討論 3-4-2

施振榮董事長之 5C 管理的學習型組織

施振榮董事長把五C的觀念落實到管理文化中，帶領宏碁公司及員工成為**有效的學習型組織**。所謂 5C 就是「Communication、Communication、Communication、Consensus、Commitment」。施振榮董事長認為宏碁 Acer 主管必須把 5C 落實到管理文化中，才能讓公司成為**有效的學習型組織**。組織變革的前提是進行組織的文化重塑，公司除了引進王道的觀念外，還須結合東方與西方的文化及創新思維，培養所有員工終身學習的習慣。以下舉第五項修練來說明宏碁如何建立學習型組織。

第一項修練：自我超越

宏碁必須讓企業流程的簡化及合理化，並且善用資訊科技，這樣公司才會縮短組織的溝通，加快服務顧客的速度及價值，並且加快企業創新的速度。

第二項修練：改善心智模式

宏碁利用敏感式訓練、心理互動分析及工作輪調，改善員工心智模式，然後以開放的心靈容納別人的想法，避免自己主觀意識。

第三項修練：建立共同願景

宏碁先前已加入 RE100 倡議，承諾於 2035 年實現使用 100% 再生電力，並將在 2050 年達成淨零排放，盼能透過團結的企業行動，擴大對環境的正面影響。

第四項修練：團隊學習

宏碁社團中成立跨部門學習社團碁智會，想法來自宏碁同仁的智慧交流，每個月有 1-2 次聚會，利用晚上下班時間彼此切磋交流。

第五項修練：系統思考

必須做長遠考量及全面性思考，人如果從利己的角度來看，往往追求絕對平衡，但既追求不到也無法實現平衡。因此我們應該從對方角度出發，由生態系統整體平衡來看，這樣才是系統思考，也才能創造更大的價值。

本章重點導覽

1、 想要在快速變動的環境及全球化時代生存下去,企業唯有持續改變才能因應,甚至要推動組織變革及創新學習。

2、 創新文化已成為團隊和組織發展的強勁推動力,創新文化必須集體推動,必須從小處著手。

3、 組織中充滿學習文化的氛圍,將會不斷適應組織變革及組織再造,讓企業內員工都有創新的 DNA。

4、 組織變革(organizational change)最早的概念是來自於組織行為學。近年來企業若想要在快速變動的時代生存下去,就必須持續改變,推動組織變革(organizational change)或組織再造(Organization re-engineering)。

5、 哈佛大學商學院教授科特（John Kotter）的研究指出，只有 30% 的組織是成功的，也就是有高達 70% 的變革是失敗的。

6、 在學理及學術研究上，早就提出組織變革的學者是 Leavitt，他提出當組織或企業面臨變革的壓力，所採取的組織變革途徑可以歸納為下列三種：（一）結構變革、（二）行為變革及（三）技術變革。

7、 Hamell 與 Prahalad 更將企業變革擴大為（一）策略變革、（二）技術變革、（三）任務變革、（四）人員變革、（五）文化變革。

8、 組織變革的需求，是指企業為了適應外部環境的變化或企業內部需求的變化，而提出組織變革。

9、 Jick 在研究中發現，組織為因應內外環境的挑戰與考驗，必須隨時自我調整及因應環境變化，才能維持企業生存發展。

10、大多數領導者在想達成組織變革目標的時候，往往只關心組織變革的結果，而忽略組織變革的過程，這會導致團隊運用失敗，因此 Carnall 強調，組織變革的目標，固然是為了提升及改進組織效能，但必須隨時和團隊成員溝通及形成共識，再落實組織變革的

推動及執行。

11、Garvin、McGill、Slocum、Lei、Torbert 認為組織變革目標就是讓企業員工成為學習型組織，以因應外在環境變化及維持競爭力。

12、當代學者勒溫的組織變革模型，為組織變革理論及組織抗拒的研究，奠定了基礎理論。

13、勒溫曾將抗拒組織變革的過程分為三個階段：（1）解凍（Unfreezing）、（2）實施變革（Change）及（3）再凍（Refreezing）。此模式強調行為和態度的改變。

14、解凍過程中會產生兩個主要力量的拉扯，一個是驅離的力量，所謂驅離就是希望透過組織變革來改變現狀，這些現狀包括組織原有的文化、制度、技術及策略等。另一個是滯留的力量，所謂滯留就是不想改變現狀，例如組織內外會產生一些抗拒的聲音及行為。

15、降低組織的衝突與阻力，通常會採取三種方式，分別是（1）增強驅離的力量，（2）降低滯留的力量，以及（3）同時增強驅離及

降低滯留的力量。

16、Hodge 與 Johnson 曾經指出，對組織變革產生抗拒最主要的原因有以下七點：（1）個人地位有可能降低，（2）引起恐懼，（3）影響工作，（4）降低個人權威或工作機會，（5）改變工作規則，（6）改變團隊關係或群體關係，（7）未向組織成員解釋，且組織成員為參與組織變革計劃。

17、為了有效化解員工內心的不安及對未來的不確定感，企業必須在組織變革的過程中及之後，隨時和組織成員間保持溝通及順暢的 。

18、彼得聖吉為了打破舊式管理的思維，提出第五項修練的學習型組織。

CHAPTER 4

領導人如何執行有效策略規劃

張忠謀董事長認為，好的領導者想打造有競爭力的公司，要有三個因素，分別是**公司的願景、公司的價值觀及公司的好策略**。公司的企業文化是由公司和員工的價值觀所建立的。公司的願景是領導者及所有員工一起形塑及追求的，因為公司的願景是指企業長期的發展方向、目標與自我設定的社會責任和義務，並且堅信以台積電的創新商業模式、價值觀及策略，一定會吸引源源不絕的新人才進入。所以策略就是領導者最重要的事情，領導者唯有執行有效的策略規劃，公司的高階主管、管理者及所有員工，才能了解企業的願景、目標、使命及價值觀，然後正確執行領導者的策略規劃。

企業策略規劃（strategic Planning）是指領導者為了讓公司員工達到共同目標，而訂定一系列的方案規劃，簡單來說就是透過不同的分析方式，確定一家企業的策略性規劃，並列出要達到這些策略性規劃的行動計劃。之所以稱為「**策略性**」**規劃**，是因為策略規劃重視的是長期且全面的目標。一般來說，策略規劃按照時間可分為**短期、中期及長期**，短期規劃通常以一個預算年度為期，中期規劃時間通常為 1～5 年，長期規劃時間為 5 年以上，短中長期規劃可以幫助領導者循序漸進落實目標。

策略是什麼

策略（Strategy）的簡單定義是，為達成特定目標所設計的長期計畫。它不僅涵蓋資源的配置，還包括行動的優先順序，以及應對各種不確定因素的方法。策略看似簡單直白，但許多時候仍會發現大多數人（甚至包括高階主管）所了解的策略，只是針對公司目標或現階段行動而展開，而不是針對企業長期目標與企業願景來擬定，甚至在管理和策略上無法發揮得當。多年以來，策略（strategy）和管理（management）對於企業經營者和領導者而言，好像是兩種不同的思考模式，經營者總是以為策略是對外，所以必須隨時彈性因應環境變化；管理是對內，所以講求穩定，方便同仁遵循。兩者看似各司其職，其實不然，因為隨著外界環境迅速變動和更加複雜後，領導者必須將管理融入策略中，管理必須隨著環境動態調整策略，且必須和策略密切配合才能有效執行策略，並達成組織長期、整體規劃的目標。對於這些**組織規劃的長**

期目標，領導者必須轉化成中高階主管的**中期管理性策略**，中高階主管則須將組織中期管理性策略，轉換為一般員工或基層人員所執行的**短期性作業性策略**，最後在**組織整體策略**的運作下完成策略規劃。

策略是一項決定企業未來營運模式的思維，更是一種必須因應環境威脅並找出機會的決策，學者契斯特・巴納德（Chester Irving Barnard）曾經在《經理人員的職能》一書中指出，領導者主要的工作是執行管理和擬訂策略的計畫，巴納德特別注意與公司策略有關的人或組織的行動，而首次將「策略」一詞帶入管理學的領域。西元1945年，著名學者彼得・杜拉克（Peter Drucker）將過去在通用汽車公司（General Motors）所做的研究結果出版為《企業的概念》（Concept of the Corporation），透過這本書，杜拉克首次建立起管理學這門學科，因此就被稱為是發明管理的人。他也曾經在1964年出版《企業成效》（Management by Results）的書籍，當初原本打算將這本書命名為《企業策略》（Business Strategy），後來因為策略（strategy）這個詞在當時實在非常陌生，常被誤為是軍事用語的戰略（strategy）。因此可以說，策略一詞早該在1964年杜拉克的時代出現。另外，知名策略學者安索夫（H. Igor Ansoff）也曾經在1950年代提出企業「長期規畫」的概念，認為企業過去的作法會影響到未來經營，所以應該安排計畫性、邏輯性及動態性的經營政策。安索夫在1965年出版成名作《企業經營策略》（Corporate Strategy），提出著名的安索夫矩陣（Ansoff's

Matrix），將「市場」和「產品」分別劃分為「既有」和「新有」兩個部分，組合成 2x2 矩陣，幫助領導者或管理者建構產品與市場的關係，確立企業應該採取什麼策略。這樣策略的想法，其實就是領導者或管理者在未來營運模式上必須考量的思維，以便因應環境威脅並找出機會。如要深入了解安索夫矩陣，請參考表 4-1。1979 年，更著名的策略學者麥可・波特（Michael Porter）提出企業有三種競爭策略，分別是成本領先策略、產品差異化策略及集中策略（參考表 4-2），且可以使用五力分析策略及模型（參考表 4-3）。另一策略學者哈利勒（Khalil）認為，由於環境快速變遷、市場不確定性高，企業必須多方面整合資源，並且擬定策略及規劃。他也認為，策略管理包含三個相互連結的重要過程，分別是（1）策略規劃：包括願景的設立與策略系統化，重點在「策略佈局」。（2）策略執行：包括擬定行動，指派各單位的責任與完成營運活動。（3）策略評估：包括績效衡量、建立回饋機制、持續改善與組織學習。各學者的策略彙總請見表 4-4。

表4-1：安索夫矩陣

安索夫矩陣 Ansoff's Matrix		產品	
		既有產品	新的產品
市場	既有市場	1 市場滲透策略	2 開發新產品策略
	新的市場	3 開發新市場策略	4 多角化經營策略

資料來源：Ansoff（安索夫矩陣）及作者自行整理

(1) **既有產品 × 既有市場／市場滲透策略**：企業應該增加市場佔有率並隨著市場成長，企圖將競爭對手趕出市場。

(2) **新產品 × 既有市場／開發新產品策略**：企業應該向舊有客戶提供新產品。

(3) **既有產品 × 新市場／開發新市場**：企業應該將公司現有產品，賣到尚未開發的市場（新的市場）。

(4) **新產品 × 新市場／多角化經營**：企業應該開發新商品或新市場，也就是要多角化經營。

表4-2：波特提出的三種企業競爭策略

競爭策略	內容	舉例
（1）差異化策略	說明企業產品的獨特之處，也就是企業要走創新及獨特的路線	1 蘋果擅長情感訴求及建立品牌故事的差異化 2 特斯拉建立創新差異化策略，例如直銷方式就是打破過去傳統經銷商的銷售方式
（2）低成本策略	波特認為企業經營要達到成本極小化，可以從三方面著手，分別是規模經濟、嚴格控制研發成本，以及控制銷售和廣告開支	日本豐田汽車執行一連串低成本管理策略，例如精實生產系統和全面品管以利降低成本
（3）集中化策略	企業專注本身的競爭優勢，例如專注某項產品或某個市場	微熱山丘是集中化策略經營者，品牌訴求反璞歸真，美味求真，客戶為喜歡品嚐美食的消費者

資料來源：波特及作者自行整理

表4-3：波特提出的企業五力分析

波特五力分析	內容
（1）供應商議價能力	供應商對企業來說是成本與利潤的決定者，如果供應商的議價能力高，相對會提高企業成本而使企業利潤降低
（2）消費者的議價能力	消費者對於企業的議價能力高，就會侵蝕企業的利潤，若是議價能力低就會提升利潤
（3）現有競爭者威脅	企業進入市場，要了解現有競爭者威脅，例如競爭者發展程度、技術層面及產品品質
（4）新進者威脅	每個產業進入門檻的高低，都會影響是否有潛在競爭者進入，若進入門檻高會讓新進者難進入，若進入門檻低會讓新進者容易進入
（5）替代品威脅	企業也應注意自己的產品或服務是否存有替代品的威脅，如果替代品的功能、價格及服務都比你的企業來得好，消費者就會選擇替代品

資料來源：波特及作者自行整理

➕ 表4-4：學者提出策略彙總

學者	提出策略內容
ChesterIrving Barnard／1930 契斯特・巴納德	領導人主要的工作是管理和擬訂戰略計畫
Peter Drucker／1945 彼得・杜拉克	杜拉克認為策略不是預測，而是必須具有「憂患意識」，要把主要精力放在自己的優勢上，並為未來的變化做好準備
H .Igor Ansoff／1950 哈利・伊戈爾・安索夫	安索夫矩陣（Ansoff matrix）是一種分析產品和市場的策略計劃工具，可幫助高階主管、高級經理和行銷人員制定未來成長策略
Michael Porter／1979 麥可・波特	麥可・波特提出企業三種競爭策略及企業五力分析
Khalil／2000 哈利勒	由於環境快速變遷、市場不確定性高，企業必須多方面整合資源，並且擬定策略及規劃

資料來源：作者自行整理

案例問題 4-1-1

當王品集團多品牌經營，遇上食物中毒事件

2024 年 4 月，陸續有民眾在前往王品集團的「初瓦」、「嚮辣」用餐後，出現疑似食物中毒症狀，這起事件引起衛生單位的重視，並造成王品集團股價波動，一度下跌到 231.5 元，創下一個月來的低點。目前台灣的餐飲業一直非常競爭且百家爭鳴，近年來都逐漸走向大型化及連鎖化的趨勢，其中王品集團就是最好的代表。由於朝集團式經營，餐飲業從業人員和總產值也逐年提升，然而食品安全的問題仍不斷發生，台灣面對大大小小各種出乎意料的食品安全事件衝擊，讓餐飲業不堪其擾。

尤其王品集團是多品牌經營，為求擴大顧客占有率及降低**營運風險**，強調布局多品牌經營。畢竟企業經營者擔心開發的餐廳品牌營運模式可能不受消費者青睞，故採用多品牌來試錯（try and error）。以多品牌策略（Multi-Brand Strategy）突出王品集團的品牌形象，避免將資源放在同一個籃子內（風險沒有集中），「初瓦」的食物中毒事件為單一風險。本單元將利用**波特提出的企業五力分析**，來探討王品集團在**經營策略上的建議**。

案例討論 4-1-2

利用波特提出的王品五力分析

（1）**供應商議價能力**：王品集團經營的品牌多、營業據點多，加上客戶數多，需要較大量的原料，所以王品集團對供應商議價的能力較大。

（2）**消費者的議價能力**：現在是消費者的意識時代，消費者可以決定在哪間餐廳消費，因此王品集團對於價格較無法有議價空間，必須提供合理的價位、好的服務及產品，才有機會維持競爭力。

（3）**現有競爭者威脅**：現在食品業競爭激烈，不管是同質商品或異質商品，提供給消費者的選擇種類都較多。另外國人的飲食習慣逐漸改變，例如利用外送平台的比率相對提升，所以客戶的方便性，也是王品集團除了產品及服務外必須考量的。

（4）**新進者威脅**：由於餐飲業進入門檻較低，且消費者偏好容易改變，所以王品集團要不斷創新與開發，符合消費者的改變。

（5）**替代品威脅**：王品集團所經營的品牌據點，均設立於百貨公司的美食街或熱鬧的地點，所以替代品多。王品集團應利用品牌優勢、優質服務及優良產品，讓替代品無法威脅到王品集團所經營的品牌美食。

策略的種類

上個單元已經和讀者說明策略的定義，這個單元將和讀者說明策略的種類及應用範圍。策略這個概念涵蓋的範圍很廣泛，企業可以根據不同的經營方式和經營目標，進行多種策略的分類及策略的型態。

首先我們先探討與企業規模相關的策略種類，一般可區分為**組織整體策略、事業單位策略及功能策略**。組織整體策略的考量比較長遠性、發展性、全面性及前瞻性，也就是由組織及集團的角度來看各事業部運作的策略方式，背後的原因及目的是在瞭解組織企業應該投入哪種產業及開發哪種產品，才能讓組織及企業利潤最大化。事業單位策略是整個組織的某個事業處，這個事業處有自己的目標、自己的市場及自己的收入和成本計算。至於功能性層級策略，也就是部門策略，企業內各部門應根據企業的總體策略，訂出自己的功能策略，可視為實際執行事業部層級策略的旗下功能單位的策略，主要目的是確保事

業單位策略能有效達成。通常會依企業功能，而分為生產策略、行銷策略、人事策略、開發策略及財務策略等。

大型企業由於部門較多，所以涵蓋**組織整體策略、事業單位策略及功能策略**。中小型企業由於經營範圍較小及部門較少，所以涵蓋範圍為**組織整體策略及功能策略**。為了讓讀者深入了解組織整體策略、事業單位策略、功能策略，以及組織整體策略，對於組織規模的差異，請參考圖 4-1 及圖 4-2。

適當且正確的策略，可使經營者在評估環境優劣勢及分析本身資源後，決定較佳的經營策略及經營方向，以增加企業成功及獲利的機會。任何一家企業都有公司未來要發展的方向及組織整體策略，所以公司必須在組織整體策略下引導事業單位的執行。舉例來說，如果組織整體策略是提升企業利潤，各事業處就必須執行事業單位策略（參考圖 4-3）。最終在組織整體策略、事業單位策略及功能策略中，功能策略通常是扮演規劃及執行的單位，也就是推動組織整體策略的核心單位。Hill 和 Jones 曾經指出功能層級策略（Funcational Stratigy），是各功能部門依照事業層級的策略發展行動方案，再進一步訂定詳細的策略，利用企業資源產生最大效益，並且為了改善營運效能（**行銷、物料管理、銷售、研發、人力資源、資訊系統**等面向），達到優越的效率、品質、創新與顧客回應，進而增進企業的差異化程度並降低成本，以創造顧客價值。如要深入了解功能層級策略所推動的策略，請參考表 4-5。

✚ 圖4-1：大型企業策略規劃

公司 → 組織整體策略

事業單位 → 事業單位策略

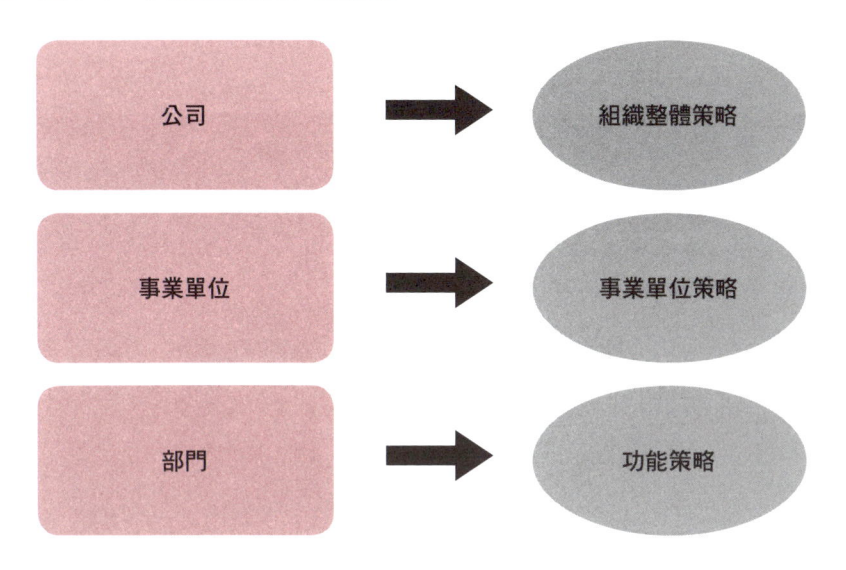

部門 → 功能策略

✚ 圖4-2：中小型企業策略規劃

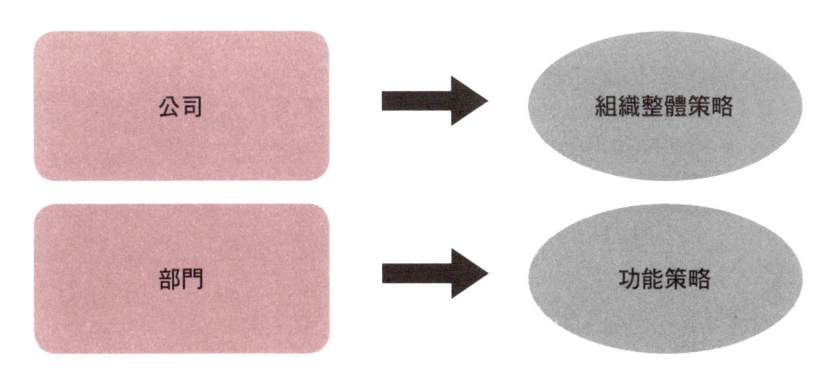

公司 → 組織整體策略

部門 → 功能策略

資料來源：作者自行整理

➕ 圖4-3：組織策略和事業單位策略的關係

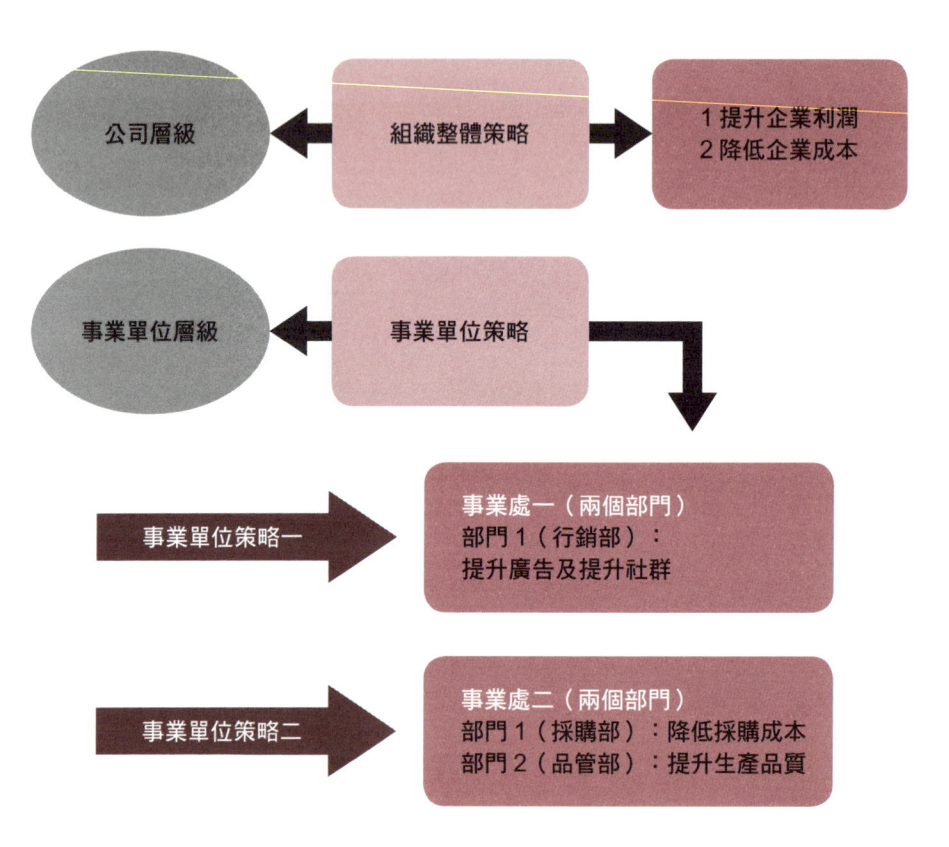

```
公司層級  ←  組織整體策略  →  1 提升企業利潤
                              2 降低企業成本

事業單位層級  ←  事業單位策略  ↓

事業單位策略一  →  事業處一（兩個部門）
                  部門1（行銷部）：
                  提升廣告及提升社群

事業單位策略二  →  事業處二（兩個部門）
                  部門1（採購部）：降低採購成本
                  部門2（品管部）：提升生產品質
```

資料來源：作者自行整理

表4-5：功能性部門及功能性策略的角色及策略內容

功能性部門	功能型策略	內容
行銷部門	行銷策略	企業為了向客戶提供自家產品和服務，所擬定的策略計畫
銷售部門	銷售策略	企業為達成銷售目標，而制定的一系列計劃和行動方案
廣告部門	推廣策略	制定廣告、促銷、公關活動等具體推廣計劃，增加產品的市場曝光度和銷售量。
風管部門	風管策略	識別企業中的業務風險、產品風險及市場風險等，提供企業及領導者辨別風險的策略
投資部門	投資策略	根據企業的財務目標、風險承受能力、時間期限以及市場條件等因素，所制定的一套方法或計劃
客服部門	客服策略	創造個人化體驗，提升顧客滿意度 提升客戶服務，並贏得客戶信任 處理客戶客訴，及解決公司的危機

資料來源：作者自行整理

案例問題 4-2-1

企業的安索夫矩陣也適用於個人嗎？

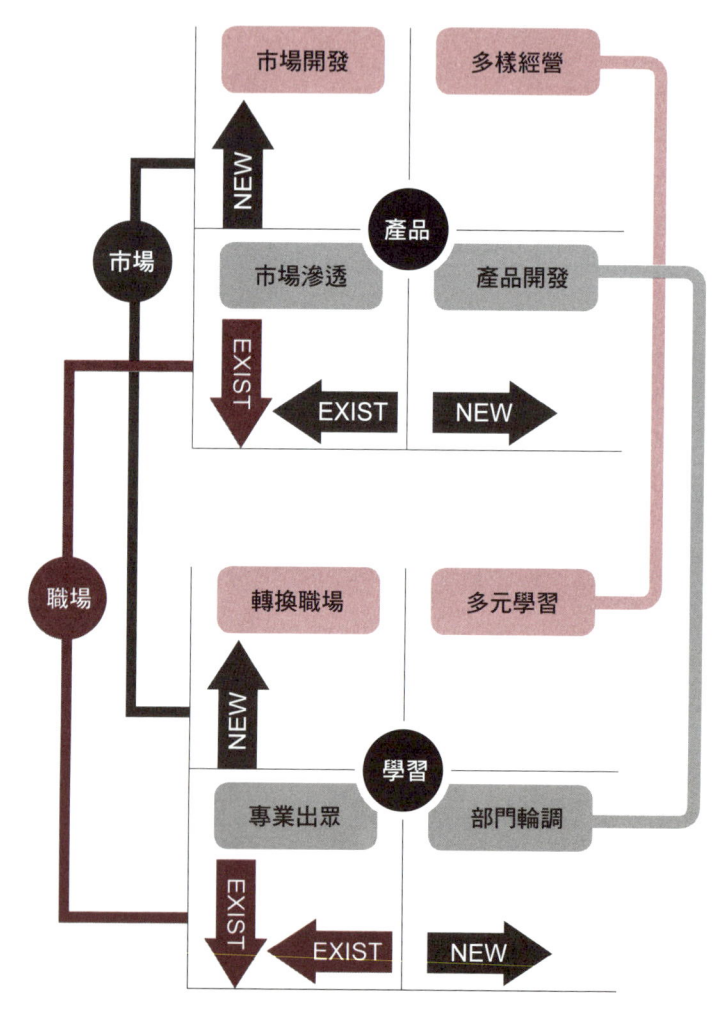

```
                市場開發              多樣經營

       市場     ↑NEW
                        產品
                市場滲透              產品開發

                ↓EXIST    ←EXIST    NEW→


                轉換職場              多元學習

       職場     ↑NEW
                        學習
                專業出眾              部門輪調

                ↓EXIST    ←EXIST    NEW→
```

➡ 本單元將探討如何從企業安索夫矩陣轉換到個人身上

案例討論 4-2-2

如何利用安索夫矩陣找出個人生涯發展

此外，安索夫矩陣也可應用於**個人職涯規劃**。首先，將橫軸產品轉換定義為「學習」，將縱軸市場轉換定義為「職場」，劃分出 4 種學習／職場的組合，也就分成四個象限。

（1）學習（新）/職場（新）：在年輕時可以多方面學習，多方面嘗試新的工作來探索自己的興趣，也就是讓自己多方面學習，累積多方面的經驗和歷練，這樣可以**多元學習**。

（2）學習（舊）/職場（新）：若既有的學習及經驗，不在職場上受公司的重用，或無法換來職位升遷或加薪，建議**轉換職場**重新出發，以利自己未來發展及累積歷練。

（3）學習（舊）/職場（舊）：若擁有既有的知識，但仍然希望在原職場上保有競爭力，建議累積自己的**經驗值**，讓自己在該領域**才華出眾及專業勝過**任何人。

（4）學習（新）/職場（舊）：希望在自己的職場上保有競爭力，提升自己跨領域的**知識及經驗**，建議要在原職場上利用**部門輪調**，累積不同的經驗及知識。

▶ 利用安索夫矩陣探索個人的生涯規劃

因應外部環境及內部經營的策略規劃

講到大環境的分析或總體環境的分析，**PEST 分析（又稱 PEST 總體環境分析）**絕對是企業在**擬定策略及經營策略**時，考慮外部環境變化的絕佳策略分析。現今**科技快速進步**、環境快速變化，企業實在無法掌握大環境的變化及競爭對手的快速進步，會對企業造成如何的衝擊，因此為了降低企業的衝擊及影響，企業領導者都必須**擬定策略的規劃**，與時俱進地掌握**市場需求及消費者偏好**。若能透過 PEST 分析，您的企業將能夠即時**評估外部環境變化**對企業的影響。PEST 的分析最早是由哈佛大學教授法蘭西斯・阿吉拉（Francis J. Aguilar）於 1967 年在 Scanning the Business Environment 中提出，由 4 個外在因素構成，分別是政治（political）、經濟（economics）、社會（social）、科技（technology），其名稱正是由這 4 個英文字首集合而成。執行 PEST 分析時，可以利用 PEST 分析的四個步驟來完成，分別是（1）

從企業的目標,定義範圍及收集資料;(2)分析 PEST 四大要素;(3)分析結果後擬定策略;(4)統整分析結果資料及分享結論。如要更清楚知道 PEST 分析是什麼,請參考表 4-6,了解 PEST 在政治、經濟、社會和科技面的分析及影響。

✚ 表4-6:阿吉拉的PEST分析

PEST 分析	內容
政治(political)	(1)貿易政策:美國川普政府高稅制的衝擊 (2)環保法規:當地政府環境保護法規影響 (3)監管制度:中國政府監管風險的影響
經濟(economics)	(1)總體環境:經濟成長或衰退的影響 (2)經濟因素:匯率或利率的影響 (3)產業因素:產業鏈變化對產業的影響
社會(social)	(1)消費者因素:消費者偏好改變,企業要不斷調整技術及服務來因應 (2)人口老齡化:醫藥及科技要不斷更新,才能幫助老人保持健康及使用電子設備 (3)社會改變:家庭結構及文化意識改變,企業要不斷創新以符合消費者需求
科技(technology)	(1)科技加速:影響企業的開發及供應鏈成本 (2)科技創新:企業新產品帶來更大市場機會 (3)人工智慧:人工智慧的導入,已經讓生活型態開始改變

資料來源:阿吉拉及作者自行整理

當企業考慮先前所提的**大環境分析**，或是因應**總體環境**的分析後，企業也必須評估**內部經營的分析**。業界及學界最常使用的**產業評估及市場分析**的方法是 **SWOT 分析**，因為這個方法是透過團隊成員的**集思廣益及長遠規劃**，來評估企業**內部優缺點以及外部競爭者的機會與威脅**。SWOT 分析的主要目的是為了幫助企業修正現在問題，找出如何因應**未來環境的變化**，並以企業的優勢帶來獲利及因應威脅。所以 SWOT 分析是指做策略規劃的分析工具，常用於評估組織或個人在達成目標過程中的**優勢**（Strengths）、**劣勢**（Weaknesses）、**機會**（Opportunities）和**威脅**（Threats）。SWOT 分析至今仍是多數人從學生時代就學習的，即使進入職場後，也能用來制定企業戰略及分析競爭對手的策略。

一般認為 SWOT 分析是由史丹佛大學的 Albert Humphrey 教授在 1960 年代開始提出，但最後是由美國舊金山大學教授海因茨·韋里克（Heinz Weihrich）於 1980 年提出的市場分析方法時最廣為使用。其實 SWOT 分析針對**大型企業、中小型企業或個人**，都可以有條理地歸納重點，在優勢、弱勢、機會、威脅的四個象限中，條列出企業及個人的論點及策略，詳情請參考表 4-7。

✚ 表4-7：全面性評估及有效資源分配的SWOT分析

認識 SWOT 分析	不同面向分析
(1) 優勢（Strengths） (2) 劣勢（Weaknesses） 一起展開了解企業的優劣勢	(1) 資源是否充足 (2) 市場地位 (3) 人才是否足夠 (4) 品牌定位 (5) 技術是否趕上 (6) 創新能力 (7) 風險是否集中 (8) 行銷能力 (9) 服務是否到位 (10) 領導能力
(3) 機會（Opportunities）	(1) 不同服務是否符合消費者的需求 (2) 新產品是否服務消費者的需求 (3) 新技術是否帶來更多商機 (4) 品牌經營是否帶來更多效益 (5) 策略聯盟是否提供更多競爭機會
(4) 威脅（Threats）	(1) 關稅所帶來的衝擊 (2) 法令改變所帶來的衝擊

資料來源：Heinz Weihrich 及作者自行整理

擬定 SWOT 時，應避免以下常見錯誤：

(1) 高估優勢，但低估劣勢

(2) 只評估短期性，但忽略長期性

(3) 只考慮效益，但忽略風險

> **案例討論 4-3-1**

A 銀行的成立及說明

　　A 銀行創立於民國 55 年，數十年來隨臺灣經濟成長，現已經發展成具備完善金融服務的區域型銀行。A 銀行在「正派經營」、「親切服務」的經營理念下，締造許多令人驕傲的創新服務，從發行臺灣第一張信用卡、成立第一家銀行客服中心，到推動流程數位化，引領臺灣金融業數位轉型。截至 112 年底，合併資產規模達新臺幣 6.05 兆元，不僅為臺灣最大民營銀行，且獲利、第一類資本規模、客戶數等指標，皆高居全臺灣銀行之冠。A 銀行於 14 個國家及地區設有超過 370 處據點，為臺灣最國際化的銀行。海外布局以大中華、日本、北美及東南亞為重心，設有東京之星子行、美國子行、加拿大子行、泰國子行、菲律賓子行及印尼子行，深耕在地客戶，並提供國際企業完善之跨境金融服務。（資料來源：A 銀行網頁）

　　在下個單元將利用 Heinz Weihrich 的 SWOT 分析 A 銀行的競爭力。

案例討論 4-3-2

利用 SWOT 分析 A 銀行的競爭力

（1）優勢（Strengths）：A 銀行憑藉跨金融市場和數位化領域的獨特優勢和平台整合能力，為客戶找到有投資潛力的資產及方便使用的操作平台，讓客戶享受到絕佳的系統操作及投資機會，能滿足客戶客製化的商品及個人化的平台操作。

（2）劣勢（Weaknesses）：先前金管會在 2023 年 8 月 10 日宣布重大裁罰案，開罰 A 金控與 A 銀行合計 3,000 萬元，且董事長、副事長、總經理等多位高階經理人停職或減薪；同步裁罰 A 人壽 1,000 萬元，以及停職總經理職務，以致 A 集團單日吃下 4,000 萬元罰單，且被暫停多項業務。這樣的結果造成銀行形象大損，不過現階段 A 銀行已大量改進以符合金管會的要求，未來將會朝大型國際銀行發展。

（3）機會（Opportunities）：金管會於 2024 年 7 日公布年度系統性重要銀行（D-SIBs）名單，與去年相同，A 銀行仍然上榜。另英國權威雜誌銀行家《The Banker》日前揭曉 2024 年全球一千大銀行榜單，A 銀行晉升全球第 158 名，八度稱霸台灣金融業，該銀行具有專業及雄厚資本，這樣就有機會合併其他銀行，使其成為更有規模的國際銀行。

(4）威脅（Threats）：A 銀行對於傳統銀行數位化較大的銀行具有威脅性外，純網銀的銀行也是 A 銀行在未來數位化時代中要競爭的銀行。

策略規劃的程序

-
-

當企業可以根據不同的經營方式和經營目標,進行多種策略的分類及型態後,領導者或管理者必須將這些策略付諸行動,或是執行策略規劃程序。**策略規畫程序**一般指的是企業或管理者思考策略方案、設計行動計畫的過程,學者 Miller 與 Dess 認為策略管理包含三個部分,分別是**策略分析、策略形成及策略執行**。Glueck 則提出策略管理四階段,分別是**策略分析與診斷、策略選擇、策略執行及策略評估與控制**。現階段企業界常用的策略管理程序方法有兩種,一個是美國華盛頓大學的學者 Hill 與 Jones 於 1988 年提出的策略規劃程序,這個規劃程序分為五個主要部分,分別是(1)**建立企業使命和主要目標**;(2)**進行外部分析以找出機會與威脅**;(3)**分析內部環境找出優勢與劣勢**;(4)**在內外部分析的基礎上,選擇最佳策略**;(5)**確實執行選定的策略**。另一個是美國哈佛大學商學院教授卡普蘭和麻省管理學院教授諾頓在 1992

年共同提出的一套策略管理工具，**以平衡計分卡（BSC）及策略地圖（Strategy Map）為連結及聚焦工具的策略規劃**，其中**平衡計分卡包括平衡（Balanced）和計分卡（Scorecard）**兩部分。平衡即是企業在營運過程中所經營的面向應平衡的、互相連結。平衡計分卡所平衡和連結的是四個構面，分別為**財務構面、顧客構面、內部流程構面及學習與成長構面**。在實務操作上，這四個構面有先後順序及邏輯，由下往上分別為學習與成長、內部流程、顧客與財務等，參考表 4-8 平衡計分卡即可了解滿足客戶需求的範例。在範例中，可以看出平衡計分卡所考量的四個面向是全面性且互有關連的。計分卡則是記錄企業四個面向經營績效數值的資料，例如財務購面 KPI 指標中的新產品增加率及客戶成長率數值資料（參考表 4-8）。**策略地圖**的核心也有二個部分，分別為**策略（strategy）和地圖（map）**。這個策略管理工具所提出的策略地圖是策略規劃的執行路徑圖，從公司營運最重要的財務目標，逐一展開到各層目標，並產出各單位可執行的策略地圖。公司的策略地圖能讓全體員工清楚了解公司的目標及策略，以及部門的工作和自己的工作如何連結到組織整體目標，讓公司各部門可以協調合作，員工可以共同努力，一起共同達成公司的目標。總之，平衡計分卡是將公司的**策略量化**，策略地圖則是將公司的**策略視覺化**。透過結合這兩個策略工具，企業將能更有效地執行策略，所以平衡計分卡和策略地圖已經成為企業邁向成功的策略利器，也是企業執行策略的工具。

✚ 表4-8：平衡計分卡在滿足客戶需求的範例

策略主題：「滿足客戶需求」		
構面	策略指標	關鍵績效指標（KPI）
財務構面	舊產品在原市場增加 新產品在新市場增加 客戶數增加	舊產品增加率 新產品增加率 客戶成長率
顧客構面	滿足客戶需求	舊客戶滿意度 新客戶接受度
內部流程構面	出貨速度提升 品質提升 跨部門聯繫提升	客戶兩天內取得率 產品損壞率 內部溝通率
學習成長構面	培養行銷人才 培養銷售人才 提升專業人才	行銷人才增加率 銷售人才增加率 證照比率提升

資料來源：作者自行整理

註解：
(1) 平衡計分卡四大構面由上而下為財務、顧客、內部流程、學習成長等構面。
(2) 展開KPI（關鍵績效指標）的順序也是由上而下。

如何擬定好策略

許多人認為方向比速度重要，這個想法等同於策略比執行力更為重要，上一個單元我們說明了 Hill 及 Jones 於 1988 年提出的策略規畫程序，以及 Kaplan 和 Norton 在 1992 年共同提出的平衡計分卡與策略地圖。但是若公司的策略與營運計畫向下展開到部門或員工不是好策略時，通常呈現的只是公司給員工不切實際的願景，和冰冷的數字及文字，就如同員工預期和所看到的策略與目標有落差。企業策略之所以失敗，很多原因根本不是策略，或根本不是好策略。另一個策略失敗的主要原因，是策略通常需要改變組織文化或員工習慣。一位具有影響力的策略與管理思想家理查・魯梅特（Richard P. Rumelt）認為，好的策略應該是一套協調一致的行動，並以思維和行動為基本結構，以兩者有效的組合做為核心。一個好策略的核心必須包含三個重要因素（參考表 4-9）：第一步是**診斷挑戰的具體架構**，而不是只提出績效

目標;第二步是**選擇總體指導方針**,創造應對當前情況的優勢;第三步**要制定行動範圍和資源配置**,落實選定的指導方針。為了讓讀者更深入了解好策略的三個核心要素,魯梅特教授也提供一個壞策略。若有以下四個特徵,策略就視為壞策略或無效策略。**第一個特徵是「空洞」**,例如公司說擁有大量參考資料,然後將這些資料偽裝成有價值的專業知識,這樣的說法及做法不切實際。**第二個特徵則是「不處理關鍵問題」**,魯梅特主張「**策略是對關鍵問題提出的解答**」,因此不處理關鍵問題,就算不上是策略。**第三個特徵是「錯把目標當策略」**,策略應該是明確指出要達到這些目標所需具備的方法,但壞策略通常只說明目標,而不是克服挑戰的計畫,另外計劃中若只有結果,缺乏行動,這也只是績效目標,不能算是策略。**第四個特徵是「訂下錯誤的策略性目標」**,策略性目標是由領導人制訂,用來達成目標的工具;若無法傳達關鍵議題或不切實際,便是壞的策略性目標。好的策略就是要把**模糊的總體目標**轉變為一套連貫可行的「**行動目標**」。

表4-9：好策略的核心要素

好策略的三個核心要素	核心內容
（1）診斷	界定或說明挑戰的本質。良好的診斷通常能找出情況的關鍵、簡化過度複雜的現實狀況，而且不僅要決定如何處理，更重要的是了解情況中最根本的問題。所以好的策略診斷不僅能對情勢做出解釋，還能界定該採取哪些行動
（2）指導方針	即處理挑戰的指南。請選定一個整體解決方案，處理或克服診斷所發現的障礙。良好的指導方針是藉由創造或利用優勢產生的，這個優勢如同槓桿能使力量倍增
（3）協調一致的行動	設計能執行指導方針的步驟，而且每個步驟都環環相扣、彼此協調，以落實指導方針及集合組織的力量

資料來源：魯梅特及作者自行整理

本章重點導覽

1、 張忠謀董事長認為好的領導者要打造有競爭力的公司，必須有三個因素，分別是公司的願景、公司的價值觀及公司的好策略。

2、 企業策略規劃（strategic Planning）是指領導者為了讓公司員工達到共同目標，而訂定一系列的方案規劃，簡單來說就是透過不同的分析方式，確定一家企業的策略性規劃，並列出要達到這些策略性規劃的行動計劃。

3、 之所以稱為「策略性」規劃，是因為策略規劃重視的是長期且全面的目標。一般來說，策略規劃按照時間可分為短期、中期及長期，短期規劃通常以一個預算年度為時間限制，中期規劃時間通常為 1-5 年，長期規劃時間為 5 年以上，短中長期規劃可以幫助領導者循序漸進落實目標。

4、對於組織規劃的長期目標，領導者必須轉化成中高階主管的中期管理性策略，中高階主管則要將組織中期管理性的策略，轉換為一般員工或基層人員所執行的短期性作業性策略，最後在組織整體策略的運作下完成策略規劃。

5、麥可‧波特（Michael Porter）提出企業有三種競爭策略，分別是成本領先策略、產品差異化策略及集中策略。

6、策略學者哈利勒（Khalil）認為，由於環境快速變遷、市場不確定性高，因此企業必須多方面整合資源，並且擬定策略及規劃。

7、依企業規模而推行策略的種類，一般可區分組織整體策略、事業單位策略及功能策略。

8、組織整體策略的考量比較長遠性、發展性、全面性及前瞻性，也就是由組織及集團的角度來看各事業部運作的策略方式。

9、事業單位策略是整個組織的某個事業處，這個事業處有自己的目標、市場及收入和成本的計算。

10、功能策略也就是部門策略，企業內各部門應根據企業的總體策略訂出自己的功能策略，可視為實際執行事業部層級策略的旗下功能單位的策略，主要在確保事業單位策略能有效達成。

11、講到大環境的分析或總體環境的分析，PEST 分析（又稱 PEST 總體環境分析）絕對是企業在擬定策略及經營策略時，在考慮外部環境變化時絕佳的策略分析。

12、PEST 分析最早是由哈佛大學教授法蘭西斯・阿吉拉（Francis J. Aguilar）於 1967 年在 Scanning the Business Environment 中提出的，由 4 個外在因素構成，分別是政治（political）、經濟（economics）、社會（social）、科技（technology），其名稱正是由這 4 個英文字首集合而成。

13、執行 PEST 分析時，可以利用 PEST 分析的四個步驟來完成：（1）從企業的目標，定義範圍及收集資料；（2）分析 PEST 四大要素；（3）分析結果後擬定策略；（4）統整分析結果資料及分享結論。

14、在內部經營方面，SWOT 分析是業界及學界最常使用的產業評估及市場分析的方法，因為這個方法是透過團隊成員中的集思廣益

及長遠規劃，來評估企業內部優缺點以及外部競爭者的機會與威脅。

15、Hill 與 Jones 於 1988 年提出策略規劃程序，這個規劃程序分為五個主要部分：（1）建立企業使命和主要目標；（2）進行外部分析以找出機會與威脅；（3）分析內部環境找出優勢與劣勢；（4）在內外部分析的基礎上，選擇最佳策略；（5）確實執行選定的策略。

16、美國哈佛大學商學院教授卡普蘭和麻省管理學院教授諾頓，在 1992 年共同提出一套策略管理工具，提出以平衡計分卡（BSC）及策略地圖（Strategy Map）為連結及聚焦工具的策略規劃。

17、平衡計分卡是將公司的策略量化，策略地圖則是將公司的策略視覺化，透過結合兩個策略工具，企業將能更有效地執行策略。

Chapter 4　領導人如何執行有效策略規劃

CHAPTER 5

領導者要如何有效激勵

前面幾個章節中，已經和讀者說明即使是好的組織，或是公司有好的願景或好的藍圖，或是有好的領導者帶領團隊，或是團隊所屬公司也擁有好的策略規劃，能讓公司員工達到共同目標，而須訂定的一系列方案規劃。另外即便在快速變動的環境及全球化時代中，好的領導者也要能帶領組織及員工組織變革及創新學習，讓組織及員工持續改變，讓企業能永續經營及超越競爭對手。但是這樣的資源及條件就夠了嗎？答案是不夠的。

　　因為企業或組織在發展過程中，不管領導者營造企業未來有多好的遠景，還是訂定長期且週全的策略規劃，企業內的員工也都信誓旦旦竭盡所能為組織效命，但通常都會**在短期內**產生疲乏，或是缺乏持續力和意志力。如果企業提供**財務性獎勵**也只能**短期有效，長期可能無效或失效**。而且企業內的優秀員工也不是靠規定逼出來的，而是被公司長期激勵出來的，所以此時的管理者就必須化妝成激勵者，例如提供**非財務性獎勵**，不斷關懷、鼓勵及激勵員工，也要協助員工的生活與成長、在適時公開表揚、參與公司重要決策。好的激勵可以長期誘發員工強烈的工作意願，激發個人潛力，共同和領導者達成組織目標。

激勵的本質及內涵

激勵是一種人類心理過程及一股心理力量，更是管理的核心。其實激勵的本質或內涵，就是組織能透過公司的設計，提供合理獎勵和良好工作環境，促成影響員工行為的方向和努力程度。美國哈佛大學的威廉‧詹姆斯（W. James）教授，曾經在領導者對員工激勵的研究中發現，若企業採行按時計酬的分配制度，僅能讓員工發揮20%～30%的能力，但如果採取充分激勵的話，則員工能力不僅可以發揮出80%～90%，且能持續保持積極正向。在這兩種不同措施之間，中間60%差距就是有效激勵的結果，足見有效領導者就是要善用有效的激勵，以提升員工士氣，進而完成組織目標。激勵有**投入**（努力）、**方向**（和組織一致）及**持續**（保持下去）三個要素。

激勵是一種非常重要的領導觀念及管理心法，但必須包含以下要素才能有效發揮。（一）**激勵一定要有對象**；（二）激勵的內容必須**誘發**

員工的外顯行為，並激發員工內在的心理力量；（三）激勵可以將員工行為連結到組織期望及組織目標；（四）激勵的措施要能讓員工保持正面行為及熱情心態。激勵可以是內在激勵行為（intrinsically motivated behavior）及外在激勵行為（extrinsically motivated behavior），背後因素是人的動機。一般內在動機是出於人的興趣、滿足感及成就感，當內在動機被促動後，就會產生人的行動及活動。展現出這些行動及活動後，會再產生滿足感及成就感，使個人動機更加提升及持續，這樣才能有效激勵員工的動力及動能。外在動機則是讓人依賴外在獎勵去行動，這樣可以產生短期的成效，但是一旦誘因消失或失去吸引力時，人們便不再有努力的動機及誘因。

　　內在激勵及外在激勵的差別，就是內在激勵屬於「精神」層次，組織需要設計激勵的方案或內容，然後激發員工的心靈需求或自發行為，進而達到組織設定的目標及願景，所以內在激勵的來源是如何產生個人的動機及成就感。外在激勵則屬於「物質」層次，組織一樣需要設計激勵的方案或內容，然後用外部獎勵驅動員工做事，或是利用外部懲罰要求員工配合公司政策或行為，所以外在激勵的來源是員工產生行為的後果，而非員工在產生行為前的心態及價值觀。

　　內在激勵及外在激勵並沒有說哪一個較好或是哪一個較差，取決於組織所呈現的文化或員工所產生的行為，因此端看當時組織使用的時機。如要更了解內在激勵及外在激勵的差異，請參考表 5-1。

✚ 表5-1：內在激勵及外在激勵的操作及比較

比較	外在激勵	內在激勵
操作結果	利用制度讓公司或主管操作及控制，讓員工遵守	組織文化或氛圍能讓員工產生自動自發的行為及自律的意念，員工是發自內心的
操作方式	強調組織集體滿足	強調組織個人成員滿足
操作效能	只能維持組織正常運作	能超越組織期待及組織目標
層次需求	較低層次需求 滿足生理及安全需求	較高層次需求 滿足社會、自尊及自我實現
範例	（1）公司加薪或減薪 （2）公司升遷或資遣	（1）關心及肯定員工自我成長 （2）關心員工家庭經濟及生活

資料來源：作者自行整理

激勵的理論

-
-

　　以下列出早期最具代表性的激勵理論：（1）1954年馬斯洛「需求層次理論」；（2）1950年赫茨伯格「雙因子理論」；（3）1960年麥格雷戈「X與Y理論」；（4）1961年麥克里蘭「三需求理論」；（5）1972年阿爾德佛「ERG理論」。其中馬斯洛需求理論是1954年由馬斯洛在《動機與人格》一書中，根據下列三種假設，將人類需求分為低層次至高層次：（1）未滿足的慾望才能影響人的行為，已滿足的慾望則不具激勵作用；（2）人的需求是具有層次的，從基本到複雜，依序排列；（3）人們只有在較低層次獲得滿足時，才會晉升到較高層次。後續的激勵理論都是源自馬斯洛的需求理論，所以本單元將會詳細說明馬斯洛的需求層次理論，以利讀者更容易了解其他激勵理論。馬斯洛的需求層次理論區分成下列五大階層：

一、生理需求（Physiological Needs）

生理需求是最基本的需求，通常是人類延續生命的一些必要條件，如食物、水、居住、睡眠等需求。例如剛畢業的新鮮人，找工作後所獲得的薪資就是滿足個人在食、衣、住、行的最低需求。

二、安全需求（Security Needs）

安全需求是指人們免於恐懼、危險以及被剝奪的需求，如財產保障、食物安全、住家安全及交通安全等。例如剛畢業的學生在進入公司是從試用期開始，試用期滿才會轉正，進而滿足安全需求。2024 年第三屆世界 12 強棒球錦標賽上，台灣隊寫下歷史最佳成績（獲得冠軍），其中表現為佳的江坤宇，於 2025 年 1 月 24 日獲得中信兄弟球團 10 年最高總值超過 1.4 億的合約協議，創下中職史上最年輕拿下平均月薪超過百萬的紀錄，成為聯盟首位簽下 10 年保障合約的球員。中信兄弟球團所提供的合約，就是最好的安全需求保障，讓球員江坤宇獲得穩定的工作權。

三、社會需求（Affiliation Needs）

社會需求包括家庭的親情、職場中的人際關係、朋友間的互動，又稱為「愛與歸屬感（隸屬）的需求」。這一層次的需求包括兩個方面，一是**友愛的需求**，二是**歸屬的需求**。例如在公司取得安全需求後，最期待的還是希望在公司擁有歸屬感，工作中同事間的**好互動**就是最好的**歸屬感**。

四、尊重需求（Esteem Needs）

每個人都希望自己有穩定的工作地位、被人肯定的社會地位，也就是希望自己的能力和成就得到社會的承認。舉例來說，若個人工作的好表現，取得公司重視和主管信任而升遷加薪，就是因個人表現而取得尊重。

五、自我實現需求（Self-actualization Needs）

這是馬斯洛需求層次理論最高層次的需求，這個層次是指能實現個人理想、抱負，發揮個人能力而取得自己最大的成就感。舉例來說，在工作上取得最好的職位及薪水後，就希望能在工作以外的公益事業

上付出貢獻及幫助他人,如參加扶輪社或擔任法鼓山義工。

讀者如要清楚了解馬斯洛需求層次理論的各個層次,請參考圖 5-1。

✚ 圖5-1:馬斯洛需求層次理論

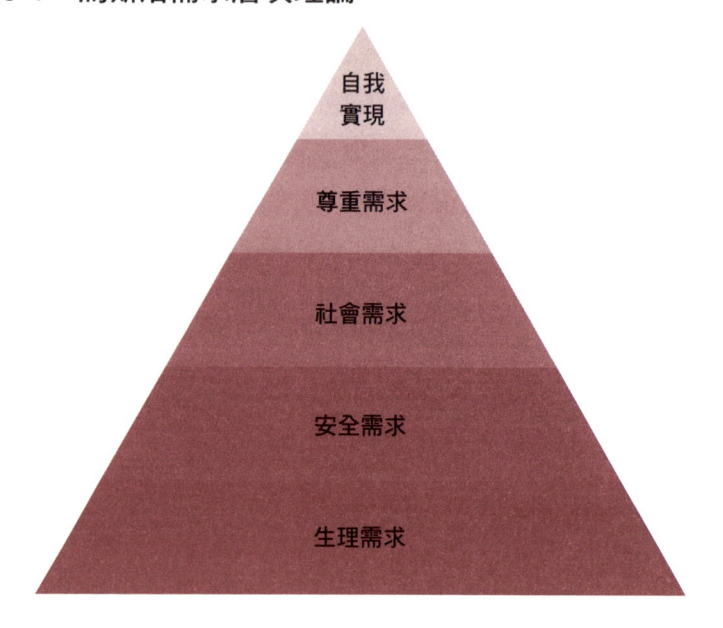

```
          自我
          實現
        ─────────
         尊重需求
       ─────────────
         社會需求
     ─────────────────
         安全需求
   ─────────────────────
         生理需求
```

在說明馬斯洛需求層次理論後,也和讀者說明當代激勵理論可分成**內容理論**和**過程理論(又稱程序理論)**。首先談論內容理論,學者認為人的所有行為是由人的需求引起的,在不同的需求層次下,個人會產生不同的行為表現。代表的理論就是先前所提的馬斯洛「需求層次理論」、赫茨伯格「雙因子理論」、麥格雷戈「X 與 Y 理論」、麥克里蘭「三需求理論」,以及阿爾德佛「ERG 理論」。

（二）雙因子理論

雙因子理論（Two-factor theory），也稱作激勵保健理論（Motivation-Hygiene Theory），是由美國心理學家弗里德里克·赫茨伯格（Frederick Herzberg）於 1950 年代末提出。他在美國匹茲堡 11 個地區做了工程師及會計人員的研究發現，讓員工感覺工作滿足或不滿足的因素是不相同的。他進一步從**滿足及不滿足**兩個維度出發，並將相關因素區分為「**激勵因素**」與「**保健因素**」兩類，導致**工作滿足**的因素為**激勵因素**，導致工作不滿足的因素為**保健因素**。當工作條件如工資滿足時（**保健因素**）只是**消除不滿足**，唯有工作肯定並賦予工作責任（**激勵因素**）才具有滿足，所以該理論認為**滿意的對立面不是不滿意，而是沒有滿意；不滿意的對立面不是滿意，而是沒有不滿意**。這與馬斯洛的層次需求理論不同。赫茨伯格認為低層次需求的滿足，並不會產生激勵效果，相反地只會導致不滿意感消失。這部分讀者很容易誤以為滿意的對立是不滿意，務必將赫茨伯格雙因子理論的定義及說明弄清楚。

激勵因素：考量的因素主要為生涯發展、工作特性、工作責任、工作成就及工作賞識，此類因子為員工激勵因素，能夠消除員工無滿足的因素，不存在時則會產生無滿足。以上因素增加後對職位本身有「**正面效果**」，因此稱為**激勵因素**；又因其能帶來職位上的滿足，亦

稱為**滿足因素，所以激勵因素是介於無滿足和滿足之間**。

　　保健因素：考量的因素主要為工作薪資、工作關係、工作條件、工作地位及工作福利，此類因子為員工的保健因素，能增加員工工作的滿足感，因此存在時會消除員工不滿足感，不存在時亦不會造成不滿，只是沒有滿足。此類因素能防止「負激勵」的狀況，也唯有長期持有激勵因子的情況下，才能讓員工有滿足的成就感和信任感，因而願意發自內心全力為工作責任感而做，**所以保健因素是介於不滿足和沒有不滿足之間**。

　　讀者如要了解**雙因子理論在激勵因素**的無滿足（沒有滿意）和滿足（滿意）之間的差異，以及**保健因素的**不滿足（不滿意）和沒有不滿足（沒有不滿）之間的差異，請參考表 5-2。

（三）X 與 Y 理論

　　美國麻省理工學院的心理學教授道格拉斯・麥格雷戈（Douglas McGregor）於 1960 年代出版《企業的人性面》，並提出 X 理論和 Y 理論是關於人性的兩種觀點。X 理論又稱作人性本惡理論，Y 理論又稱作人性本善理論。由於不同行業、部門、職務所需的員工不盡相同，所以要根據自己對員工的判斷而選擇不同的管理方式，說明如下。

　　用 X 理論管理的主管認為，人的本性是壞的（人性本惡），因此

✚ 表5-2：赫茨伯格的雙因子理論

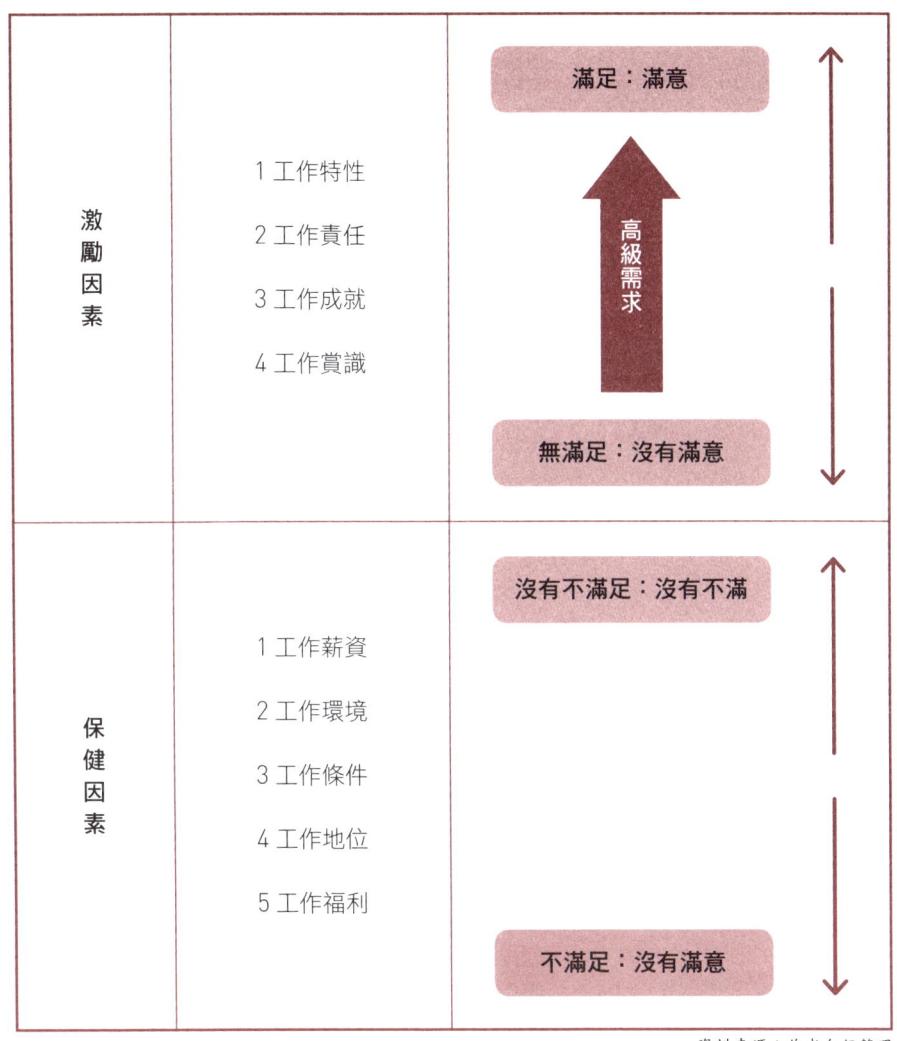

激勵因素	1 工作特性 2 工作責任 3 工作成就 4 工作賞識	滿足：滿意 ↑ ↑ 高級需求 無滿足：沒有滿意
保健因素	1 工作薪資 2 工作環境 3 工作條件 4 工作地位 5 工作福利	沒有不滿足：沒有不滿 ↑ 不滿足：沒有滿意

資料來源：作者自行整理

認為員工會好逸惡勞、不負責任及不喜歡工作，主管必須進行要求及懲罰等積極管理，才能迫使態度不好的員工努力完成組織要求的目標。

用 Y 理論管理的主管認為，人的本性是好的（人性本善），因此認為員工會自動自發、負責任及樂於工作，並因此滿足自我實現等較高層次的需求，主管則不需要進行要求及懲罰，因為這類的員工會主動完成組織目標，甚至會超越組織目標及主管的期待。

（四）三需求理論

美國哈佛大學心理學教授麥克里蘭提出「**三需求理論**」（Three Needs Theory），認為人們工作的主要動機源自**成就、權力及歸屬**三項後天需求。具有**高成就**需求的員工，喜歡**解決問題及挑戰問題**；具有**高權力**需求的員工，喜歡在職場中擁有**權力及控制權**，樂於成為職場中具有**影響力**的員工；具有**高歸屬**需求的員工，喜歡讓**同事接受及讓主管認同**，所以他們喜歡和同仁**互動和合作**。領導者若要推動公司持續進步與持續發展，就必須滿足員工的渴望，並且對員工因材施教。麥克里蘭也認為每位員工都有這三種需求，但強度與需求會因人而異，所以領導者要對員工的不同需求面與不同強度，找出最適宜的工作性質與要求。找到員工最適合的工作後，且符合以上三種需求的動機，領導者就較容易達成組織目標與員工需求。三需求理論與需求層次理

論之間有許多相似之處,但兩者最大的不同,在於需求層次理論強調先後順序(由下而上),但三需求理論強調每個人在**需求上是比例**的問題。

(五) ERG 理論

耶魯大學的阿爾德佛將馬斯洛的需求層次理論加以修訂,簡化成**生存**(Existence)、**關係**(Relatedness)以及**成長**(Growth)三種類別,簡稱ERG理論。生存需求可與馬斯洛的生理需求及某些安全需求相比,關係性需求要可與馬斯洛的安全、社會與某些自我尊榮需求相比,成長需求可與馬斯洛的自我實現相比。雖然 ERG 理論和馬斯洛需求層次理論有許多相似之處,但仍然有許多的差異。第一是 **ERG 理論並非單向的**,第二是 **ERG 理論並沒有順序**,第三是 **ERG 理論的三種類別可能在個人行為中同時產生**,例如大學生畢業後找到工作,就符合生存、關係及成長三個類別。

ERG 理論強調人不會單單專注在一方面的追求,而是同時尋找能滿足生存、關係和成長的方法,三種需求不具先後關係。此外,若高層次需求無法滿足,則人們會以滿足低一層次需求來替代,此時低層次需求慾望會更強烈,也可能因為同時間有多種需求,而對產生激勵效果。讀者可以透過表 5-3 了解 ERG 理論和需求理論的比較。

➕ 表5-3：ERG理論和需求層次理論的比較

阿爾德佛的 ERG 理論	馬斯洛的需求層次理論
成長需求	自我實現需求
關係需求 ➡	尊重需求
	社會需求
生存需求 ➡	安全需求
	生理需求
沒有順序性	順序是由下而上
行為可以同時發生	行為只會產生單一方面

資料來源：作者自行整理

先前已說明激勵的**內容理論**，有助於瞭解哪些因素可激起員工從事特定行為的動機及誘因，至於員工為什麼要選擇該行為模式以達成公司期望及工作目標，就是**過程理論**所要強調及探討的重點。過程激勵理論的重點研究是從**動機的產生到採取行動的心理過程**，包括四個主要的理論，分別是（1）亞當斯「公平理論」（1963）、（2）佛洛姆「期望理論」（1964）、（3）史金納「增強理論」（1971）及（4）洛克「目標設定理論」（1978）。後續將逐一說明每個理論的背景及內容。

(1) 公平理論

公平理論（equity theory）又稱為社會比較理論（Social Comparison Theory），是美國行為科學家亞當斯於 1963 年提出的，他認為員工的工作動機是來自同事之間的比較，員工比較的標準即是投入與回報。所謂投入是指員工在工作上付出的心力、勞力、時間、與成效等，而回報指的是員工從工作上得到的一切報酬，例如薪水、獎金、升遷、主管的尊重和公司的肯定等。這部分類似於馬斯洛五大需求層次的滿足，因此員工會比較他們所投入的產出（O-Output）與投入（I-Input）之間的關係，然後進一步比較自己和其他員工的投入和產出，其比較的關係及結果說明如下。

在**公平理論的架構下**,員工大致會產生三種想法,說明如下:

(1) **內部公平**:員工自己投入和產出所獲得的報償(O/I),是否和公司內部其他員工投入和產出(O/I)所獲得的報償一致。若一致,代表公司內部是公平的。

(2) **外部公平**:員工自己投入和產出所獲得的報償(O/I),是否和**其他公司的員工**之投入和產出(O/I)所獲得的報償一致;若一致,代表公司是公平的,也就是公司願意付出和市場一樣的行情。

(3) **個人公平:公司的員工自己和自己比**,也就是指員工做他該做的、拿他該拿的,員工的能力有多少、可以提供公司多少績效,公司就應該適當的回報給公司員工。

以上說明都是公司在公平的架構提供員工應有的報酬,但也可能比較差或比較好,這都是不公平的。下列說明是員工感到不公平對待時,可能會有的反應:

(1) **改變自己的投入**:也就是減少自己付出的時間、努力及責任。

(2) **改變自己工作的成果**:也就是對於工作應付過關及敷衍做事。

(3) **否定自己**:認為自己條件不如同事。

(4) **否定他人**:同事是靠巴結或送禮才能升遷或加薪。

(5) **離開公司**:認為下一間公司或下一份工作更好。

（2）期望理論

期望理論（Expectancy Theory）是由美國心理學家佛洛姆於 1964 年在《工作和激勵》中提出。佛洛姆認為人的行為反應是一種意識選擇，也就是員工覺得自己有價值而付出努力獲得報酬，這個過程中所產生的的行為就稱為期望理論。因此員工的動機來源於**對工作結果的期望、工作結果能帶來的獎勵**，以及**這些獎勵所帶來的個人價值**。

佛洛姆期望理論：如何激發出最大力量

期望公式為：M＝E×I×V→激勵＝期望×工具×期望值

激勵（motivation）：表示使員工激發力量，指能激發員工積極度及內部潛力的強度。

期望（expectancy）：能夠達成目標的機率。員工依過去經驗判斷，自己能達到目標（績效）可能性的大小，相信努力可達到績效。

工具或器具（Instruments）：指能幫助個體實現的非個人因素。如環境、快捷方式、任務工具等，績效是可獲得報酬獎賞的。

期望值（valence）：指員工達到目標對於他自己價值的滿足程度，也就是說達到這個結果對自己很有吸引力。

因此「努力→績效」和「績效→獎賞」之間的關係非常緊密，M＝E×I×V 這個公式才會成立，讀者可以參考圖 5-2。

✚ 圖5-2：期望理論為M＝E ×I× V的背後意義

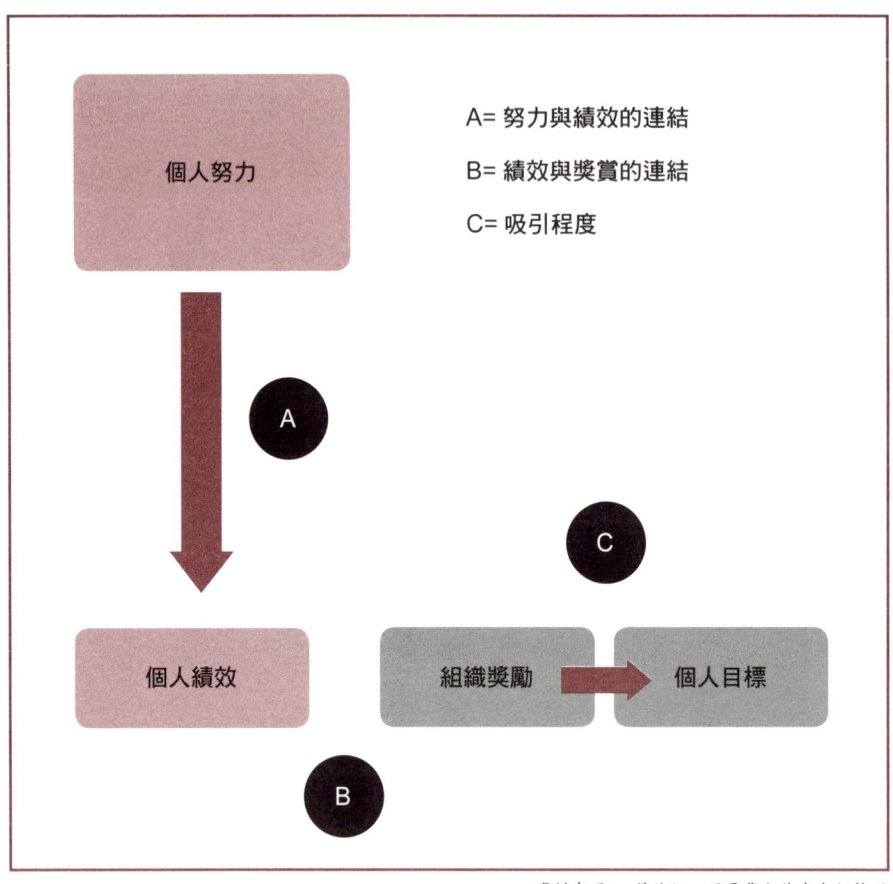

個人努力

A= 努力與績效的連結
B= 績效與獎賞的連結
C= 吸引程度

A

C

個人績效　　組織獎勵 → 個人目標

B

資料來源：佛洛姆、風雲集和作者自行整理

（3）增強理論

所謂**增強**（Reinforcement）是行為主義心理學中的重要概念，由行為學派學者史金納於 1971 年提出。他認為人們會依據行為的後果來決定行為，也就是行為的結果為何，會影響行為的動機。假設員工所表現的結果給人好的感受，他們會增加自己行為的表現；但若導致負面結果，則員工會減少那些行為再度發生的機率。所以領導者或管理者可藉由對組織達成目標的行為之正增強（如圖 5-3 之操作 1），來影響員工的行為；對於不當的行為，管理者則可以給負增強（如圖 5-3 之操作 2），例如處罰員工不能休假、獎金減少、降薪或不給員工升遷等方式。這種方式會造成衝突、缺勤或離職等負面影響，由於懲罰的效果通常很短暫，所以建議選擇其他方式。為了方便讀者理解，我們可以先將**增強物**想成某個**結果**，而這個結果可以是**獎勵或處罰**，如果反應會產生獎勵（加薪或升遷）的結果，則反應會被增強（員工會更努力），該反應繼續發生的機率就會增加。相反地若是處罰，反應就會漸漸減弱。增強的方式可以分為正向和負向，回應可以分為**獎勵**（想要）和**處罰**（不想要），這樣的增強作用會產生四種不同型態：型態 1（正增強）、型態 2（負增強）、型態 3（正處罰）及型態 4（負處罰）。讀者可參考圖 5-3 了解增強理論的四種操作方式。

+ 圖5-3：增強理論的四種操作方式

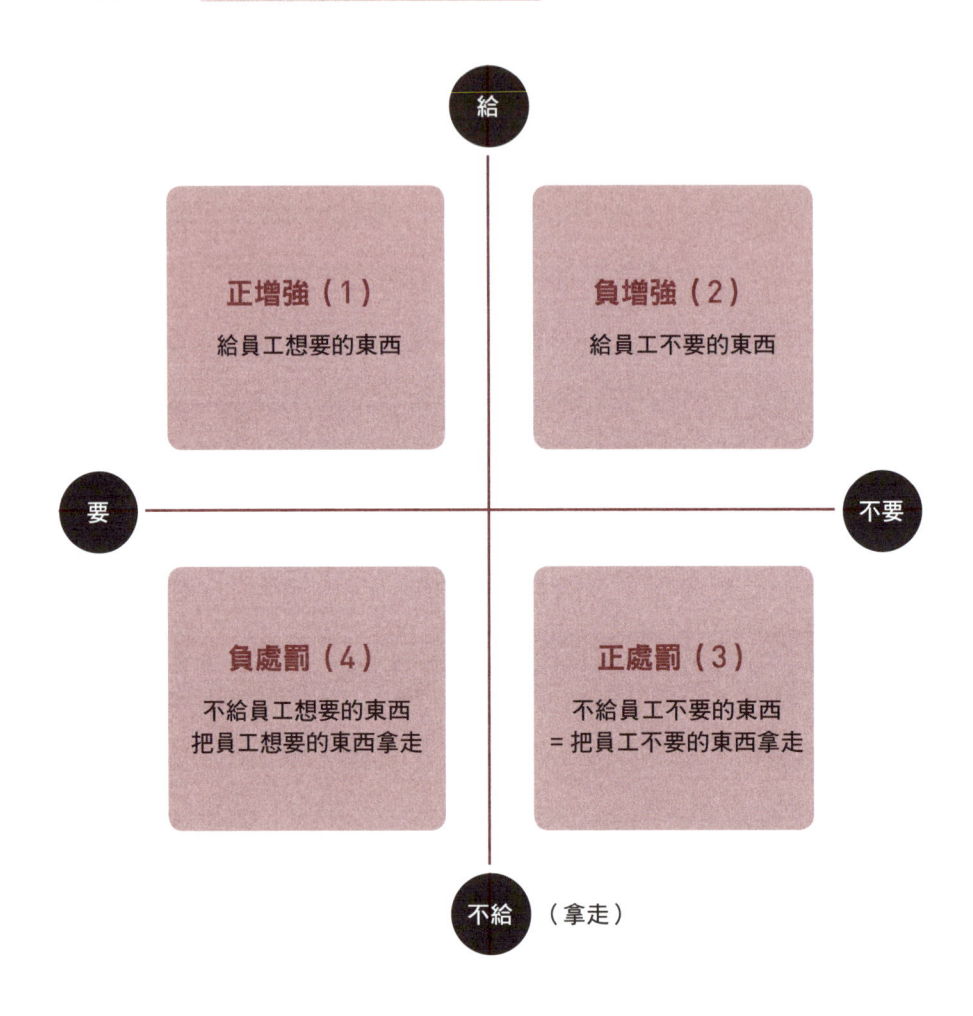

	給	
正增強（1） 給員工想要的東西		**負增強（2）** 給員工不要的東西
要		不要
負處罰（4） 不給員工想要的東西 把員工想要的東西拿走		**正處罰（3）** 不給員工不要的東西 ＝把員工不要的東西拿走
	不給（拿走）	

增強理論的四種操作方式：

（1）**正增強**：給員工想要的東西

（2）**負增強**：給員工不想要的東西

（3）**正處罰**：把員工不想要的東西拿走

（4）**負處罰**：把員工想要的東西拿走

（4）目標設定理論

目標設定理論（Goal-setting Theory）是由美國馬里蘭大學管理學兼心理學教授愛德溫・洛克（Edwin A. Locke）提出，又稱為動機理論（Motivation Theory）。洛克認為目標設定理論強調為員工設定的目標對員工有激勵作用及員工投入效果，因為公司組織目標會直接影響到員工的工作表現。把工作目標連結到員工，本身就具有激勵作用，因為這樣能把個人需求轉變為動機，使員工行為朝組織所設定的目標方向努力。

洛克在目標設定理論的相關研究指出，員工在設定目標後，除了能降低工作上的焦慮不安及不確定性，也能提高工作期間的專注度及注意力，所以設定目標後，的確有助於完成組織目標及組織所設定的工作目標。另外洛克也在研究中發現，設定的目標必須具有以下五個特性時，對員工才會發揮較好的激勵效果，這五個特性分別是（1）目標

定義必須明確（Clarity）；（2）目標必須具有一定挑戰性（Challenge），但難度不能太超過員工承受範圍；（3）設定目標時需要對目標給出承諾（Commitment）；（4）目標達成後，管理者回饋是非常重要的因素，因為這是溝通與共識（Feedback）；（5）設定的目標不能太複雜，要讓員工清楚了解且可執行。可參考圖 5-4。

✚ 圖5-4：目標設定必須考量的特性

洛克目標設定理論

- 明確 Clarity
- 挑戰 Challenge
- 承諾 Commitment
- 回饋 Feedback
- 任務複雜度 Task Complexity

目標的特性	內容
(1) 明確的	達到目標時所需掌握的時間
(2) 挑戰的	目標具有挑戰性,但不要太超過
(3) 承諾的	目標經過管理者和員工討論,彼此要有承諾
(4) 回饋的	目標與回饋結合在一起更能提高績效
(5) 不能複雜	目標不能太複雜,可以將大目標切成小目標

資料來源:洛克及作者自行整理

綜合上述激勵理論各學派說明後,為了讓讀者方便了解每個學派的學者及當時提出的理論,我將激勵理論的內容理論及過程理論彙總如下表 5-4。

✚ 表5-4：內容理論及過程理論之學者代表

類別	主要理論	學者代表
內容理論	需求層次理論	馬斯洛／1954 年
內容理論	雙因子理論	赫茨伯格／1950 年
內容理論	X 與 Y 理論	麥格雷戈／1960 年
內容理論	三需求理論	麥克里蘭／1961 年
內容理論	ERG 理論	阿爾德佛／1972 年
過程理論	公平理論	亞當斯／1963 年
過程理論	期望理論	佛洛姆／1964 年
過程理論	增強理論	史金納／1971 年
過程理論	目標設定理論	洛克／1978 年

資料來源：作者自行整理

有效的激勵工具

若公司在制定目標時，常常覺得概念模糊，或是管理者執行策略時無法聚焦，甚至在執行策略時不知不覺遠離公司**初衷或核心價值**，這時是否可以採取英特爾前執行長葛洛夫所提出的 OKR（Objectives and Key Results，目標與關鍵成果法）？世界一流的公司如**谷歌、亞馬遜、英特爾**等知名企業，都在運用 OKR 協助公司創新、改變及執行，在快速變化的市場中**保持競爭力及提升創新力**。其實 OKR 是一項**溝通工具和管理工具**，能幫助員工參與決策及了解公司目標。OKR 架構分為兩個部分，**第一是目標（Objectives）**，就是你想做什麼或達成什麼，有一種激勵性的聲明；**第二是關鍵成果（Key Results）**，就是你要如何達成目標，用來追蹤進度與衡量成功與否時必須要有具體的指標，通常最好是**量化**的結果。另外，OKR 的制定最好是由上（管理者）而下（各部門主管），及由下（員工）而上（各部門主管），一起溝通

及達成共識。如此一來，公司上下目標與公司願景才會一致，領導者、部門主管及公司員工就會朝共同方向努力。所以說，OKR 是**管理和溝通**的工具，不是**績效管理**工具。

英特爾前執行長葛洛夫當初受到洛克（提出目標設定理論的學者）的影響，也依循彼得‧杜拉克的目標管理理論（**Management by objective，MBO**）。杜拉克目標管理理論的精神是透過多次和部門及員工的反覆溝通，將企業的整體目標逐次轉變為各部門單位的目標，因此目標管理是重視**團隊溝通**，實施**人性的參與管理**。葛洛夫參考洛克及杜拉克的理論後，提出 OKR 的想法及概念，將這個方法運用在公司內部管理，並且建議每一項目標搭配 2 到 4 個關鍵成果。若組織有三項指標，就有 6 到 12 個指標，讓團隊了解要做什麼及如何做。設定 OKR 目標是導入 OKR 的第一步，但不是全部，讀者可以參考表 5-5 了解 OKR 的目標設定及步驟。此外，OKR 不像過去傳統 KPI 績效考核的追蹤方式，又較 MBO 的管理方式**更注重溝通及更人性化**，可以參考表 5-6。

✚ 表5-5：OKR的目標設定及步驟

執行 OKR 步驟	內容
（1）訂定公司核心 OKR	企業訂定 OKR 需明確、可衡量，且有挑戰性，並且可供各部門了解及執行
（2）各部門回饋	OKR 具有由下至上的特性，強調團隊成員對目標了解，因此各部門（主管）必須對公司核心 OKR 給予回饋，這樣溝通後才可以上下一致
（3）訂定 OKR 任務	各部門回饋及確定核心 OKR 後，然後制定各部門的 OKR 任務
（4）訂定 OKR 完成時間	各部門要訂定 OKR 完成時間，並且按季為單位調整
（5）列出關鍵成果	設定完目標後，要列出 2 到 4 個關鍵成果
（6）定期追蹤 OKR 進度	設定完 OKR 後，需定期追蹤與記錄執行進度

資料來源：《OKR 做最重要的事》及作者自行整理

✚ 表5-6：MBO、KPI和OKR的比較

	MBO (Management by objective) 主管和員工一起做	KPI (Key Performance Indicator) 主管要員工做	OKR (Objectives and Key Results) 員工自己想做
管理精神			
理論架構	目標管理 目標由主管和員工共同討論	關鍵績效指標 目標由主管決定，員工負責完成	目標與關鍵成果法目標主要由員工設定，然後和主管共同討論，並且目標因環境需要可調整
作者	Peter Drucke 彼得・杜拉克	Vilfredo Pareto 義大利經濟學家 維爾弗雷多・帕雷托	Andy Grove 安迪・葛洛夫
內容	公司強調目標的重要性，每位成員都要為績效負責任	績效由上而下分配，公司專注結果而非過程，強調追蹤及監督	設立目標考核，但目的並不是考核員工，而是為了調整計劃，使員工容易達成目標

資料來源：作者自行整理

本章重點導覽

-
-

1、 企業或組織在過程中，不管是領導者營造企業未來有多好的遠景，或是訂定長期且週全的策略規劃，企業內員工也都信誓旦旦竭盡所能為組織效命，但通常都會在短期內產生疲乏，或是缺乏持續力和意志力，即便企業提供財務性獎勵也只能短期有效，長期可能導致無效或失效。

2、 企業內的優秀員工不是靠規定逼出來的，而是被公司長期激勵出來的，所以此時的管理者就必須化成激勵者，例如提供非財務性的獎勵。

3、 好的激勵可以長期誘發員工強烈的工作意願，激發個人潛力，共同和領導者達成組織目標。

4、 激勵是一種人類心理過程及一股心理力量,更是管理的核心,其實激勵的本質或內涵就是組織能透過公司的設計,提供合理獎勵和良好的工作環境,促成影響員工行為的方向和努力程度。

5、 激勵要有投入(努力)、方向(和組織一致)及持續(保持下去)三個要素。

6、 激勵是非常重要的領導觀念及管理心法,但必須包含以下要素才能有效發揮。(一)激勵一定要有對象;(二)激勵的內容必須誘發員工的外顯行為,並激發員工內在的心理力量;(三)激勵可以將員工行為連結到組織期望及組織目標;(四)激勵的措施要能讓員工保持正面行為及熱情心態。

7、 激勵可以來自內在的激勵行為(intrinsically motivated behavior)及外在激勵行為(extrinsically motivated behavior)。

8、 一般內在動機是基於人的興趣、滿足感及成就感,當內在動機被促動後,就會產生人的行動及活動。展現出這些行動及活動後,會再產生滿足感及成就感,使個人動機更加提升及持續,這樣才能有效激勵員工的動力及動能。

9、 外在動機是讓人依賴外在獎勵去行動，這樣可以產生短期成效，但是一旦誘因消失或失去吸引力時，人們便不再有努力的動機及誘因。

10、內在激勵屬於「精神」層次，組織需要設計激勵的方案或激勵的內容，然後激發員工的心靈需求或自發行為，進而達到組織設定的目標及願景。

11、外在激勵屬於「物質」層次，組織一樣需要設計激勵的方案或激勵的內容，然後由外部獎勵驅動員工做事，或是利用外部懲罰要求員工配合公司政策或行為，所以外在激勵的來源是員工行為的後果，而非員工在行為前的心態及價值觀。

12、內在激勵及外在激勵的使用方式，並沒有說哪一個較好或哪一個較差，而是看組織所呈現的文化，或是員工所產生的行為應該是用何種方式。因此內在激勵及外在激勵的操作，端看當時組織使用的時機。

13、當代激勵理論可分成內容理論和過程理論（又稱程序理論）。

14、內容理論的學者認為，人的所有行為是由人的需求所引起的，在不同的需求層次下，個人會產生不同的行為表現。代表理論如馬斯洛「需求層次理論」、赫茨伯格「雙因子理論」、麥格雷戈「X與Y理論」、麥克里蘭「三需求理論」，以及阿爾德佛「ERG理論」。

15、過程激勵理論的重點研究，是從動機的產生到採取行動的心理過程，包括四個主要理論，分別是（1）亞當斯「公平理論」（1963）、（2）佛洛姆「期望理論」（1964）、（3）史金納「增強理論」（1971）及（4）洛克「目標設定理論」（1978）。

16、若公司在制定目標時，常常覺得概念模糊，或是管理者執行策略時無法聚焦，甚至執行策略時不知不覺遠離公司初衷或核心價值，這時是否可以採取英特爾前執行長葛洛夫所提出的OKR（Objectives and Key Results-目標與關鍵成果法）？世界一流的公司如谷歌、亞馬遜、英特爾等知名企業，都在運用OKR。

17、OKR架構分為兩個部分，第一是目標（Objectives），就是你想要做什麼或達成什麼，有一種激勵性的聲明；第二是關鍵成果（Key Results），就是要如何達成目標，用來追蹤進度與衡量成

功與否時必須要有具體指標，通常最好是量化的結果。

18、OKR 的制定最好是由上（管理者）而下（各部門主管），以及由下（員工）而上（各部門主管），一起溝通及達成共識。如此一來，公司上下目標與公司願景才會一致，領導者、部門主管及公司員工就會朝共同方向努力。OKR 是管理和溝通的工具，不是績效管理工具。

CHAPTER 6

有效的溝通與處理衝突

組織（Organization）是由**一個人到一個群體**所組成，為了追求目標與使命，而以**正式的結構**來使一個人或一個群體**從事活動及協調活動**。從事活動是指員工為了組織目標而努力，但每個人都可能用自己的想法及做法來完成目標，當人與人之間的**想法不一致**時，就會造成同事之間的衝突，甚至演變成部門之間的衝突。為了避免衝突及處理衝突，有效溝通絕對是組織中不可避免的現象，也是管理者必須學習的功課，更是**降低衝突及處理衝突**最好的管理工具。

　　雖然**組織溝通**是企業最常見的管理行為，但目前台灣許多企業在組織溝通方面仍然面臨許多難題，最常見的分別是**部門內的溝通與部門之間的溝通**，尤其是部門之間的溝通，也就是**跨部門溝通**，或所謂的**橫向溝通**。橫向溝通遠比向上溝通及向下溝通來得困難，甚至也比部門內的溝通來得困難。因為各部門有自己的本位主義，有自己部門的利益，甚至有因部門間的利益所引起的自我利益。達成部門間的溝通或橫向溝通，通常能幫助企業推進更大的目標，甚至是完成公司任務最重要的推手。若少了橫向溝通，不僅讓企業無法完成目標，更嚴重還可能造成部門衝突，甚至造成員工向心力無法凝聚、員工流失，所以任何企業都必須正視組織溝通。

什麼是溝通

人與人之間之所以產生衝突，乃是由於彼此不了解，或是不理解對方的想法，因而產生差異。為了避免衝突或遭受對方誤會，事先必須做好溝通討論，之後做起事來才會有效率。其實，溝通不是一次討論完就叫溝通，必須達到**有效溝通才是真溝通**。有效溝通是指雙方**交換資訊及彼此接受的過程，這個過程不是一次就結束**。溝通好比一場無限遊戲，不是把話說了就以為能改變對方的想法及做法，而是透過雙方可以接受的共識，把彼此的關係及觀念延續下去。溝通的特性包括**循環性、交換性及可接受性**，重點不在對與錯，在於過程中能接收對方的感受和經驗，然後從彼此的衝突與矛盾中，找出雙方都能接受的結果。

溝通也可以從不同層面來看。從**功能面來看**，溝通就是利用不同管道交換彼此意見的過程；從**組織行為來看**，最一般的意義上講的就

是人與人之間傳達思想和交流情報的過程；從**社會關係來看**，溝通是學習到如何表達自己的想法，並尊重他人不同的意見。在我們從小到大的學習過程中，溝通都是伴隨在我們身邊的一項工具，尤其在組織複雜的過程中，溝通是組織管理最重要的工具。

溝通的理論

上個單元讓讀者了解溝通是個人或團體之間彼此傳達觀念、想法或做法的一項重要管理工具，尤其在組織中更是扮演了重要角色。過去國內外學者也針對溝通做出了定義及說明。國內學者黃昆輝（2002）認為溝通是經由語言或其他符號，將一方的訊息、意見、想法及觀念傳達給對方的過程。學者謝文全（2003）認為溝通是個人或團體相互交換訊息的過程，目標是建立共識及協調行動，並透過集思廣益來達成預定的目標。學者吳清山（2004）也認為溝通是個人或團體傳達情感、訊息、意見給其他人或團體，相互了解的一種歷程。溝通大師 Oubein（1996）認為一個人在工作上的成功，有 85% 取決於能否有效與人溝通。學者 Robbins（2001）則認為溝通是訊息意義的傳達與了解的過程，所以成功的組織在不同層級、不同部門人員之間要隨時溝通，這樣工作進度及工作目標才能有效完成。為了讓讀者了解溝通的發展過

程及溝通在學理上的解釋和研究，以下將逐一說明溝通相關理論，包括（一）麥拉賓（Mehrabian）的 7/38/55 法則，（二）Joseph Luft 和 Harry Ingham 的周哈里窗理論，（三）維琴尼亞・薩提爾（Virginia Satir）的冰山理論，（四）艾立克・伯恩（Eric Berne）的 PAC 理論，（五）哈伯瑪斯（Habermas）的溝通行動理論。

（一）7/38/55 法則

「7/38/55」**溝通法則**是美國加州大學洛杉磯分校心理學教授麥拉賓於 1971 年所提出的「麥拉賓法則」，又稱為有效溝通的 3V 法則。這 3V 法則是指**第 1 個 Visual**（**視覺訊息** / 外表、儀態及表情）佔 55%，**第 2 個 Vocal**（**聽覺訊息** / 講話聲音、講話聲調及講話聲質）佔 38%，**第 3 個 Verbal**（**語言訊息** / 講話內容及講話方式）佔 7%。所以在溝通的過程中，除了傳遞**文字語言**給對方外（正面內容的傳遞），若能搭配**聲音語調**的表達（很親切或很友善）及**肢體語言的展現**（禮貌點頭或主動握手），就能讓對方聽你說話，正面接受你的想法及做法。有效的溝通是全方位的表達與行為，舉例來說，透過電子郵件的**文字溝通**容易因為誤解文字而造成誤會，這時若能利用電話來取代電子郵件，除了可以降低誤會，更能增進相互了解及溝通；若再進一步面對面溝通及討論，效果應該更比電話討論更好，因為見面三分情。

善用麥拉賓法則，並且所表達的語言內容和肢體語言保持一致時，將是傳遞給對方最有效的溝通，能發揮麥拉賓法則的最大效力。

（二）周哈里窗理論（Johari Window）

周哈里窗是美國加州大學社會心理學教授 Joseph Luft 和 Harry Ingham 兩人在 1955 年所提出的理論。周哈里（Johari）是取自兩人名字的開頭，窗（Window）則是指當一個人想和對方溝通時，如同展示自我認知和他人對自己認知之間的差異，好比一扇窗一樣，會經由「自己知道」（known by self）、「自己不知道」（not known by self）、「他人知道」（known by others）與「他人不知道」（not known to others）四個要素，交織形成不同的四扇窗。周哈里窗理論除了有助於認識自己以外，更可以協助他人認識自己，所以此理論在企業經營的組織管理中能發揮很大的作用及功能。透過調整和改善自我與他人之間的互動，可以縮短自我認知和他人認知之間的差異，進而改善工作氣氛、提高工作效率。我們可以從圖中周哈里窗所提供的四個象限，了解組織團隊成員所處的狀況。希望藉由**周哈里窗的管理工具及應用**，職場員工可以檢視自我及對於他人的認知，以養成自我覺察的能力、縮短和同事之間的差異，管理者則可培養帶領團隊成員時，所須具備的自我覺察、自我觀察及自我檢查的三種能力，以利形成組織成員彼

此坦誠、互信及互助的文化，讓未來彼此更凝聚、組織力量更強大。

請參考圖 6-1，了解自己現在工作時所處的角色。

✚ 圖6-1：周哈里窗在工作上的運用

自己掌握的訊息

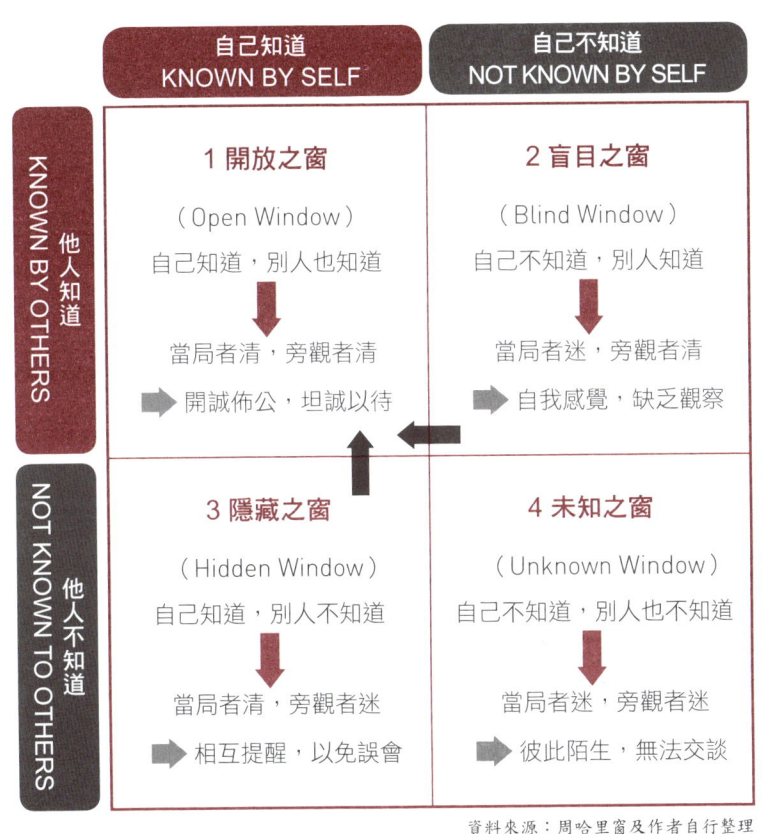

	自己知道 KNOWN BY SELF	自己不知道 NOT KNOWN BY SELF
他人知道 KNOWN BY OTHERS	**1 開放之窗** （Open Window） 自己知道，別人也知道 ↓ 當局者清，旁觀者清 ➡ 開誠佈公，坦誠以待	**2 盲目之窗** （Blind Window） 自己不知道，別人知道 ↓ 當局者迷，旁觀者清 ➡ 自我感覺，缺乏觀察
他人不知道 NOT KNOWN TO OTHERS	**3 隱藏之窗** （Hidden Window） 自己知道，別人不知道 ↓ 當局者清，旁觀者迷 ➡ 相互提醒，以免誤會	**4 未知之窗** （Unknown Window） 自己不知道，別人也不知道 ↓ 當局者迷，旁觀者迷 ➡ 彼此陌生，無法交談

資料來源：周哈里窗及作者自行整理

周哈里窗理論的目的：如何將第二個窗戶（盲目之窗）、第三個窗戶（隱藏之窗）及第四個窗戶（未知之窗），導入第一個窗戶（開放之窗）。

❶ 開放之窗（Open Window）：自己知道，別人也知道

在這開放之窗中，是處於**當局者清、旁觀者清，這就是周哈里窗理論**想要的目的。「每個人對自己的認知」和「他人對自己的認知」是有差異的，這個差異會影響雙方的信任與互動。彼此認知差異越大，**溝通的有效性就越低**；反之彼此認知差異越小，則**溝通的有效性就越高**。差異小溝通高就是我們所謂的開放之窗（也就是自我認知高，他人也願意提供意見給自己），這樣的工作生態不僅有利於自己在職場上的**人際溝通及互相信任**，進而提升工作效率，更有利於企業領導者得到團隊成員的信任及肯定，進而提升執行效率。開放之窗是具有**自我坦誠及他人回饋**的一扇正面窗戶。

❷ 盲目之窗（Blind Window）：自己不知道，別人知道

在這盲目之窗中，是處於**當局者迷、旁觀者清**，就是我們所說自己的盲點，也就是**自我感覺良好，缺乏他人觀察**，你沒有意識到自己，別人卻對你一目瞭然。因此和同事相處及溝通時，可以主動尋求別人的回饋，你將會發現原本不知道的自己，這樣你的盲目點將會變小，

更了解自己所不知道的自己,並改善自己的迷失及不好的地方,取得他人的信任及取得共識。

❸ 隱藏之窗(Hidden Window):自己知道,別人不知道

在這隱藏之窗中,是處於**當局者清、旁觀者迷**,可分為不能說、不好意思說及沒有說三種情境。

(甲)**不能說**:主管得知部屬遇到家庭問題或其他私領域的問題後,應該個別關心並保有部屬隱私,切勿在公開場合揭露部屬隱私,而造成部屬內心創傷,除非部屬願意和主管談。

(乙)**不好意思說**:有些主管常常會不好意思要求部屬做事情,而自己跳下去做,這樣不僅造成工作效率不彰,也影響部屬的學習能力及承擔能力。部屬做錯事時,主管也不能不好意思告知部屬所犯的錯誤,應該告訴部屬該改進的內容,這樣才能促進部屬改善。

(丙)**沒有說**:主管和部屬討論工作事務時,主管常常以為部屬了解工作內容,而忘記提醒注意事項。主管和部屬討論事務時,一定要適時溝通及了解,才不會導致工作效率不彰。

❹ 未知之窗(Unknown Window):自己不知道,別人也不知道

在這未知之窗中,是處於**當局者迷、旁觀者迷**,對於企業管理者

來說，必須激發員工潛能，並且隨時關注員工的工作表現，幫助員工成長。

（三）冰山理論

冰山理論是由家族諮商大師維琴尼亞・薩提爾於 1972 年提出。薩提爾認為人就像一座冰山，能被看見的，只有浮在水面上的部分，像是表達、應對及處理等方式，其餘的感覺如真誠、感受、情緒、道德觀及價值觀都沉在水面下，一般是觀察不到的。這就如同我們在溝通時常常忽略對方感受一樣，因此在溝通或討論事情的過程中，我們要嘗試了解對方的需求及感受。當我們用對方的角度看事情，我們將成為談判大師或溝通大師，甚至成為優秀的管理大師，在帶領團隊時無往不利。好的管理者要以冰山理論重新思考組織文化，並學習如何與同仁深度溝通，如此才能看到同仁冰山以下的**情感、心情、感受、想法及動機**，並進一步深度管理企業，讓組織文化充滿新的思維，而不會像過去對於同仁犯錯和未達成主管期待時，輕率地針對同仁所做的單一事件下結論。相信未來運用冰山理論後，主管將會顛覆原本在工作表面上認知的結果，也不會只強調效率及效益，而能坦誠接納同仁的錯誤及衝突，讓企業產生具有包容性的工作文化，透過增進組織溝通機會來降低組織衝突，產生新氣象。讀者可以參考下圖 6-2 冰山理論的七個層次。

Chapter 6　有效的溝通與處理衝突

✚ 圖6-2：冰山理論的七個層次及說明

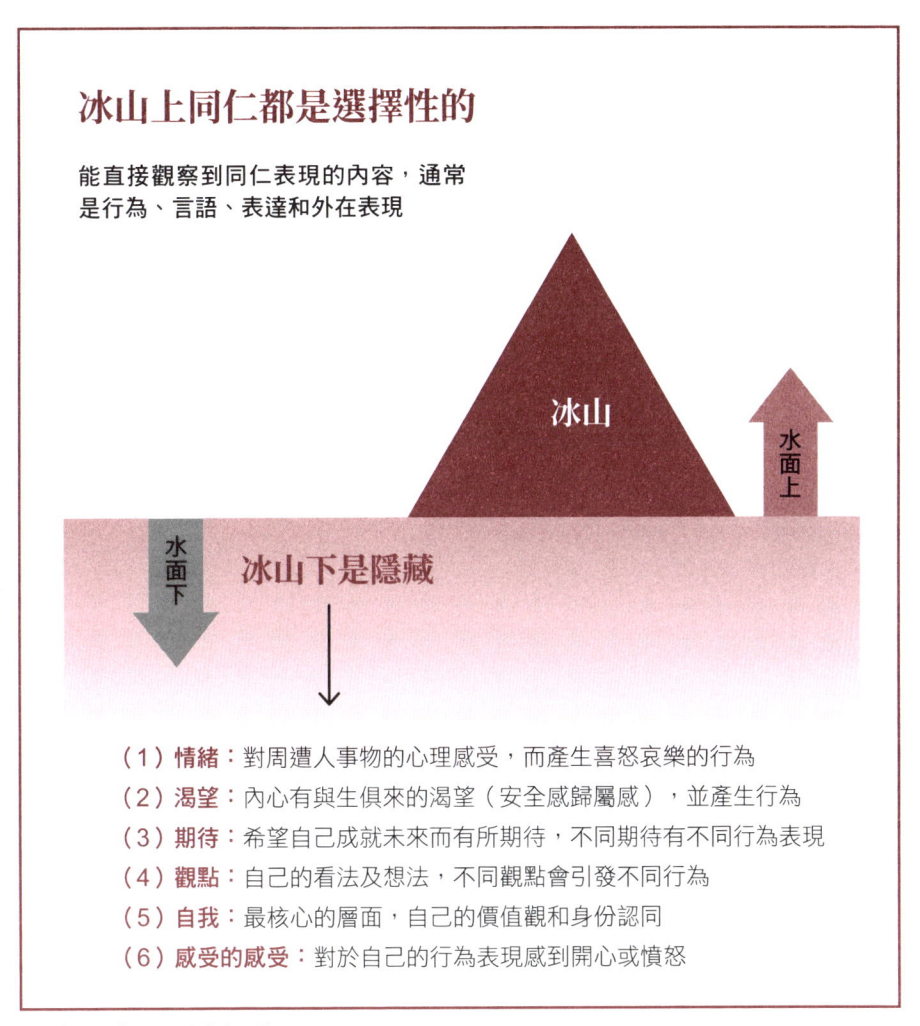

冰山上同仁都是選擇性的

能直接觀察到同仁表現的內容，通常是行為、言語、表達和外在表現

冰山

水面上

水面下

冰山下是隱藏

（1）**情緒**：對周遭人事物的心理感受，而產生喜怒哀樂的行為
（2）**渴望**：內心有與生俱來的渴望（安全感歸屬感），並產生行為
（3）**期待**：希望自己成就未來而有所期待，不同期待有不同行為表現
（4）**觀點**：自己的看法及想法，不同觀點會引發不同行為
（5）**自我**：最核心的層面，自己的價值觀和身份認同
（6）**感受的感受**：對於自己的行為表現感到開心或憤怒

資料來源：薩提爾及作者自行整理
備註：在薩提爾模式中，一致的姿態是最健康的姿態，所謂一致就是內外一致，在乎自己（對自己行為負責）也在乎他人（他人溝通）。

（四）PAC 理論

　　PAC 理論又稱為相互作用分析理論、溝通分析理論，由人際溝通大師、加拿大心理學家艾立克・伯恩（Eric Berne）於 1964 年出版的《人間遊戲》（Game People Play）一書中提出。伯恩將傳統的理論提升為 PAC 人格結構理論，通常一個人講話後，另一個人會回應時，這存在一種社會交互作用，所以這種研究叫做交互作用分析。為何稱為 PAC 模型？是因為每個人在溝通及講話時，都有三種不同的角色或自我狀態，分別是父母的狀態（Parent）、成人的狀態（Adult）及兒童的狀態（Children），這三種狀態在每個人身上都交互存在。這三種狀態是對於人格特質或人格結構的假設，所以才稱作 **PAC 模型或人格結構理論**。在人的成長過程中，身心狀態是隨著人生歷練及角色扮演中不斷動態調整，加上人的個性存在這三種人格結構，所以一個人在日常生活或工作中，都會有這三種人格特質的講話方式，只是結構比例會隨著環境、角色、歲月等不斷改變，尤其會反映在人的說話及應對上，讓他在不同環境下產生嚴厲要求（P）、理性應對（A）或模稜兩可（C）的說話及行為方式。

　　這三種不同的自我狀態及相應的人格特質說明如下：

❶ **父母自我狀態（Parent）：可以分為兩種。**

　　1-1 批判型父母（CP，Critical Parents）：主管對於部屬很要求。

　　1-2 養育型父母（NP，Nurture Parents）：主管對於部屬很關心。

❷ **成人自我狀態（A，Adult）：**

　　指理性的狀態，處理事情的方式很成熟。

❸ **兒童自我狀態（Children）：可以分為兩種。**

　　3-1 自由型兒童（FC，Free Child）：員工容易好奇，所以創造力較強。

　　3-2 順應型兒童（AC，Adapted Child）：員工要有人帶引，缺乏主動。

　　根據溝通分析學派的看法，員工的溝通模式可以分為三種——互補溝通（參考圖 6-3）、交錯溝通、曖昧溝通。

❶ **互補溝通：**

　　是兩人對於對方**期望互補**的滿足，**滿足的方式有四種**，分別是圖 6-3-1 父母對父母（P-P）、圖 6-3-2 成人對成人（A-A）、圖 6-3-3 兒童對兒童（C-C）、圖 6-3-4 父母對兒童（P-C）。

以下說明 P-P、A-A、C-C 及 P-C 的互補溝通。

1-1 父母對父母（P-P）：父母和父母之間，同事間關懷彼此進度。

1-2 成人對成人（A-A）：大人和大人之間（理性），同事成熟處理問題。

1-3 兒童對兒童（C-C）：兒童和兒童之間（天真），同事容易彼此說出感受。

1-4 父母對兒童（P-C）：員工（兒童）提出問題，主管（父母）提出協助。

❷ 交錯溝通：

互補溝通以外的溝通皆屬於交錯溝通，這種方式是指雙方彼此有期待但最後落空了，因此同事容易退縮或逃避，例如當不同部門的 A 主管和 B 主管開會，A 主管是成熟型的 Adult 主管，B 主管是強勢的 Parent 主管，開會過程中如果雙方的刺激與回應溝通箭頭方向不平行，或者做出回應的自我狀態不是被指向的那個自我狀態時，就屬於交錯溝通，可以參考圖 6-4。但是若成熟的 A 主管願意修正成 Children 的狀態時，此時溝通會從原本的**交叉線（交錯溝通）**的狀態，修正為雙方部門可以溝通的**平行線（互補溝通，參考圖 6-4）**。

❸ **曖昧溝通：**

　　通常是因為人表面上說出來的話，和內心想表達的並不相同，也就是怕得罪對方或傷害對方的自尊心。這部分是亞洲人和西方人直來直往的文化有所不同，為了顧及對方或說話者的面子，但內心總是有另一層不想說的涵義，這也造就工作上效率不彰，無法針對工作要點所投入的浪費。這在工作上經常發生，例如主管與同仁進行了成人對成人（A-A）的工作詢問與回應，但實際上卻是父母對孩子（P-C）與孩子對父母（C-P）的狀態，主管不好意思要求部屬而配合部屬的進度，部屬則隨便回答說謝謝主管的好意，這種曖昧溝通會導致工作無效率或效率不彰，可以參考圖 6-5。

高效領導

✚ 圖6-3：互補溝通的四種方式（呈現平行線）

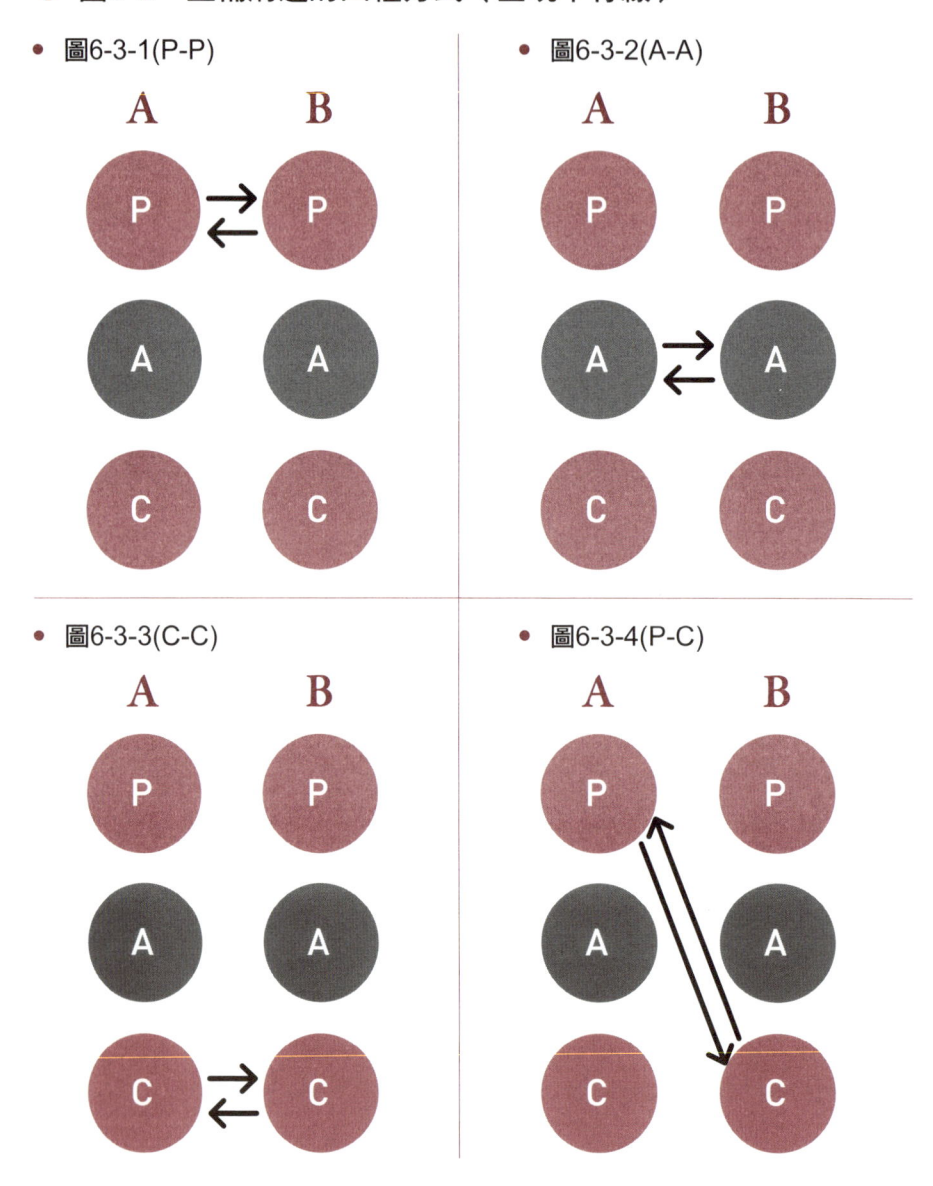

- 圖6-3-1(P-P)
- 圖6-3-2(A-A)
- 圖6-3-3(C-C)
- 圖6-3-4(P-C)

Chapter 6 有效的溝通與處理衝突

＋ 圖6-4：交錯溝通（呈現交叉線）

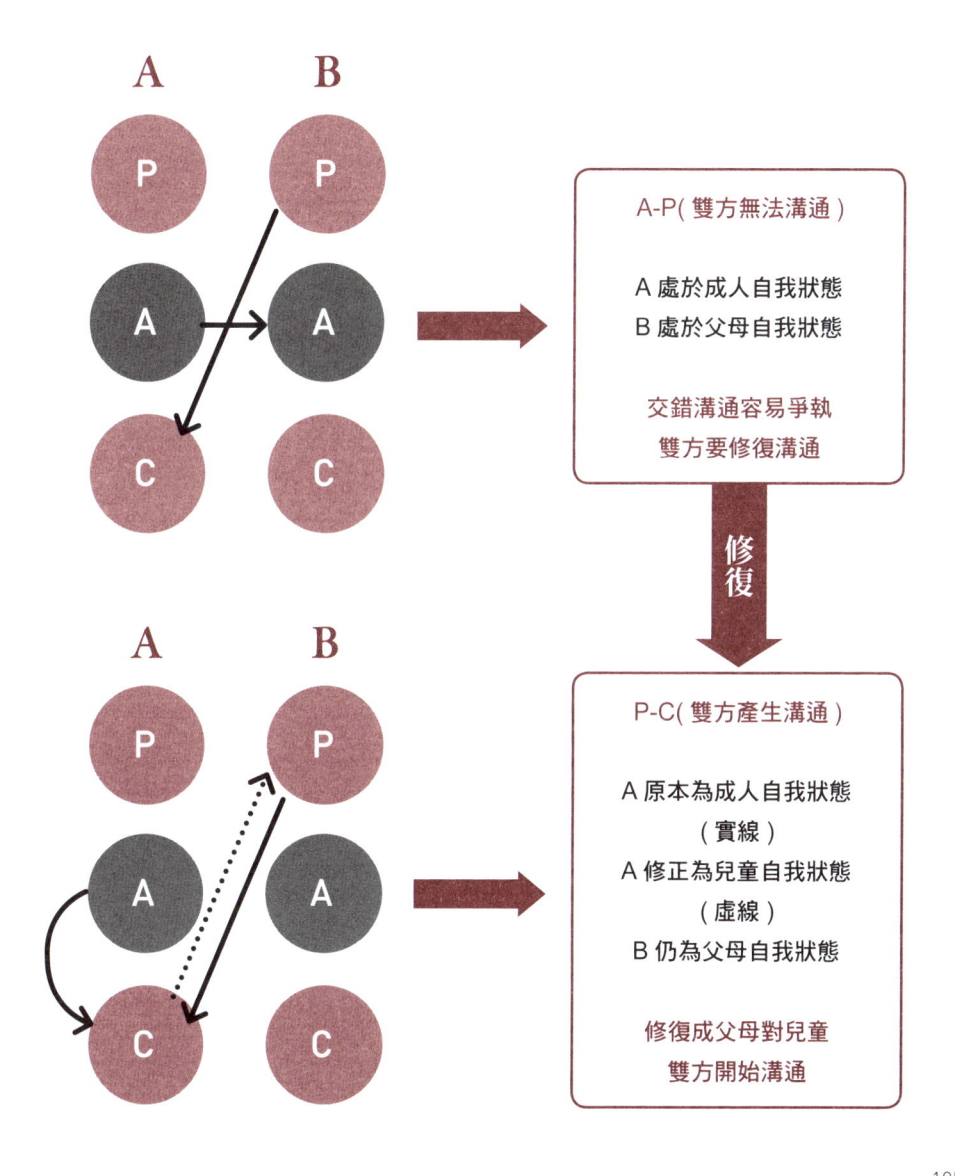

A　B

P　P
A　A
C　C

→ A-P (雙方無法溝通)

A 處於成人自我狀態
B 處於父母自我狀態

交錯溝通容易爭執
雙方要修復溝通

修復

A　B

P　P
A　A
C　C

→ P-C (雙方產生溝通)

A 原本為成人自我狀態
（實線）
A 修正為兒童自我狀態
（虛線）
B 仍為父母自我狀態

修復成父母對兒童
雙方開始溝通

✚ 圖6-5：曖昧溝通

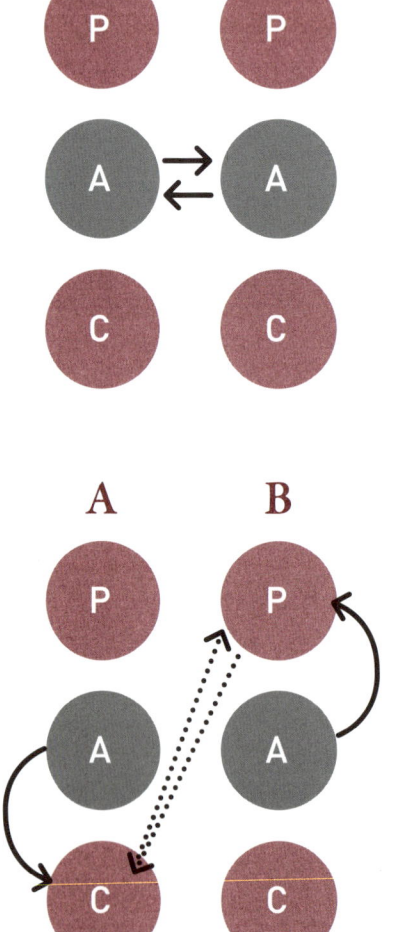

A-A（雙方處於曖昧溝通）

A 處於成人自我狀態
B 處於成人自我狀態

當雙方處於曖昧溝通時
表面上所說出來的話
和內心想表達並不相同
也就是明明工作上必須要求
形成表面說什麼都好的假象

A-P（雙方無法溝通）

A 處原成人自我狀態（實線）
B 處原成人自我狀態（實線）
A 處修正為兒童自我狀態（虛線）
B 處修正為父母自我狀態（虛線）

從互補溝通轉變為曖昧溝通
造成工作內容從理智轉化情感
形成工作上不好要求對方進度

（五）溝通行動理論
（Theory of Communicative Action）

溝通行動理論又稱為交往行為理論，是德國哲學家及社會學家哈伯瑪斯所提出的理論。哈伯瑪斯將社會視為互動的社會，認為人類大部份行為的溝通是發生在平常生活中，所以相處的每一個人皆是互動的參與者，而這種互動大部分是靠使用語言，並且應該具有建立互為主體溝通關係的能力。以溝通行動理論為架構，以溝通理性為發展基礎，並以「重建人類的溝通能力」為基本原則，處理意識形態與偏見而產生的問題。溝通行動時，雙方常因背景不同而無法形成共識，進而形成衝突，因此若要繼續溝通行動，就必須在預設理性共識的前提下，雙方進行「反覆辯論」，消除歧見而達成一致的共識。另外哈伯瑪斯將行動分為兩類，一類為溝通行動（Communicative Action），另一類稱為目的理性行動（purposive-rational action）。應用在管理上時，目的理性行動是指管理者用懲罰要求等手段，使員工達到企業或組織預期的結果；溝通行動則是管理者用平等客觀的方式對待員工。不管是溝通行動或目的理性行動，哈伯瑪斯認為這兩種方式，在學校及職場等人類社會的情境中是最容易發生的。

哈伯瑪斯認為在處理人際關係時，被認同者之所以獲得認同，全繫於有效的溝通及妥善的言詞表達。這種有效的成功溝通必須具備以

下四種要素，缺一不可，否則會產生不完整或不完善的溝通，也就是無法達到雙方溝通行動的目的。以下說明這四個要素：

❶ **可理解性（comprehensibility）**：透過對方所能理解及接受的溝通方式來處理。

❷ **真實性（truth）**：所要表達的內容中及所說明的對象可以確實存在，或所陳述的內容狀態為真。

❸ **真誠性（truthfulness）**：說話者可以真誠地表露意向，毫不虛偽，以博得聽者的信任。

❹ **適切性（rightness）**：說話者的發言符合雙方所遵守的法律及規範系統；亦即必須有共識，才能使聽者很容易接納說話者的發言。

溝通的障礙與組織衝突

　　個體之間的衝突,或是職場上的組織衝突,大部分都是由於溝通出現障礙,或事情處理得不符合對方的期待而引起。一開始會產生溝通障礙是正常的,因為彼此不認識,或在工作上抱持本位主義,本來就無法避免人與之間的差異與衝突。一般溝通障礙與衝突的管理理論,多半關注在個人身上,也就是人與人之間的衝突,過去大家也普遍認為衝突多半是源於個人關係,而非職場上的組織衝突。個人衝突的原因可能來自雙方的個性、價值觀或教育背景等,這部分的處理其實較為容易,因為個人利益不像組織利益較為複雜及容易對立,只要好好溝通就很容易打開雙方的心結及認知。但是組織衝突涉及人與部門之間的利益,所以本單元會著重在組織上的衝突。

　　組織衝突通常有 3 個類型,分別是(**1**)**目標衝突**、(**2**)**認知衝突及**(**3**)**行為衝突**。領導者或管理者若能妥善處理這三個衝突原因,

就能做好衝突管理,提升員工士氣及凝聚員工向心力。

(1) 目標衝突:

是指個人或群體中(個人是指至少兩個人,主管和部屬各1人),彼此目標不一致而產生衝突,當兩個人或部門的目標背道而馳,很容易引起雙方的摩擦或衝突。

(2) 認知衝突:

每個人對人事物的想法、觀念、行為、價值觀及判斷都不一樣,當雙方產生矛盾時,就代表雙方認知無法調和成一致,這樣引起的摩擦就稱為認知衝突。認知衝突最常發生在組織衝突,因為工作的角色與職務對立,例如管理者與被管理者、父母與小孩、稽核部門與其他部門等。認知衝突的處理通常會從兩個方面著手,第一是兩個部門放下本位主義,站在公司立場或以具有同理心的溝通彼此化解;第二是兩個部門仍然無法溝通時,往往會透過上一階主管,以協商的方式來化解。

(3) 行為衝突：

　　是指雙方在討論事項或溝通某一件事情時，有一方在言語及行為讓另一方難以接受，這樣形成的衝突就叫行為衝突。解決行為衝突的首要之務，通常是先控制自己的情緒，並且多體諒包容對方，凡事多想想、多聽聽及多看看對方的想法與做法後，再提出自己的意見及看法，這樣的結果**一定會比沒有想、沒有聽、沒有看更好**。

　　衝突是企業發展及組織文化改變必經的過程，衝突並沒有不好，只要妥善處理並有效溝通，這是領導者及管理者的功課，要對事不對人，將任務衝突及人際衝突分清楚。

　　溝通和衝突是一體兩面，必須合起來看。溝通是因，衝突是果，如果因無法避免，果就必然會發生，畢竟不是每一件事情都可以經過溝通來妥善處理。衝突的發生在企業日常運作中本屬正常，若沒有衝突，哪來的創新或改革？所以任何企業都必須正面接受衝突及處理衝突，有效地面對衝突及處理衝突。本單元將提供**溝通的技巧及處理衝突的方法**，步驟說明如下：

(1) 面對面坦誠溝通：

　　面對面溝通會比透過電子郵件或電話溝通來得好，但溝通的前提

必須是坦誠地發自內心，這樣真誠的表達對方會很容易感受到。

(2) 主動傾聽及了解對方的訴求：

在面對面溝通時，首要之務是多聽少講。主動傾聽可以降低雙方的認知差異及增加彼此的尊重，聽完後還要用心感受對方的訴求，例如真誠地回答客戶需求，這樣客戶就會感受到我們的用心。

(3) 協議及追蹤：

雙方溝通後，接受彼此的共識及結果，再確認協議內容及追蹤協議進度，並遵守承諾。

(4) 保持密切聯絡：

抱怨及衝突就像挫折一樣，雖然讓人不愉快，但透過溝通找出問題，並且保持和對方聯繫，最後的抱怨及衝突終將迎刃而解，對下次的討論及合作均有正面效果。

如何管理衝突

上一節已說明要如何面對及處理溝通障礙與組織衝突，本節將實際說明遇到衝突時，該選擇如何管理衝突及如何預防衝突。學界的衝突理論有三個主要觀點，分別是（1）傳統的觀點，此理論在 1930 到 1940 年相當盛行，當時認為衝突是負面的，所以在組織要盡量避免發生此情況；（2）人際關係的觀點，此理論盛行在 1940 到 1970 年，認為衝突在組織經營及組織文化上是無可避免的，所以企業必須選擇正面看待組織衝突，甚至選擇要如何管理衝突；（3）互動的觀點，此理論於 1970 年以後盛行，也是現在最流行的觀點，認為組織文化若呈現平靜、和諧、溫和的氛圍，其實代表冷漠無感的態度，代表對於企業未來發展及組織創新漠不關心。該理論鼓勵企業要勇於改革及學習創新，所以企業必須接受最小的衝突文化，讓組織可以接受改革及創新，這樣企業才能永續經營及永續發展。

為了說明管理衝突的歷程及階段，以下參考管理學者路易斯・龐帝（Louis R. Pondy）於 1967 年提出的人際模式觀點（Interpersonal Model Perspective），他認為組織衝突歷程通常有下列五個階段，說明如下。

（一）潛在衝突（latent conflict）：

由於雙方組織或團體間有不同的文化或目標，當雙方意見不一致時，潛在的矛盾或對立就稱為**潛在衝突**。

（二）認知衝突（perceived conflict）：

雙方已經開始察覺或觀察到彼此目標的分歧，情緒感受已經慢慢從心中的不舒服，變成自己腦中認知的不舒服，這樣的過程就稱為**認知衝突**。

（三）感覺衝突（felt conflict）：

組織成員逐漸將認知衝突內化為心智中的不舒服，身體已經開始感到不舒服及焦慮，這樣的過程稱為**感覺衝突**。

（四）外顯衝突（manifest conflict）：

由於身體已經感覺不適，焦慮壓力逐漸上升，因而形成直接公開的惡言及爭論，其行為上已經表明抗議及不想合作，這樣的過程就稱為**外顯衝突**。

（五）餘波衝突（aftermath conflict）：

以上衝突若能圓滿處理，則可避免下次衝突，仍維持互動關係；若衝突無法妥善處理，造成衝突還在，未來雙方互動關係只會更加惡化。

組織衝突的歷程通常有**五個階段**，會遇到圖 6-6 的狀態。A 區是處於低衝突到最適衝突、低績效到高績效的狀態，並且屬於**惡性衝突類型**（表 6-1），該區的特性是**冷漠沒創新**。C 區處於最適衝突到高衝突，組織特性為不合作。B 區則為最適良性衝突水準及高績效，區域特性為創新和挑戰。

✚ 圖6-6：組織的最適衝突水準

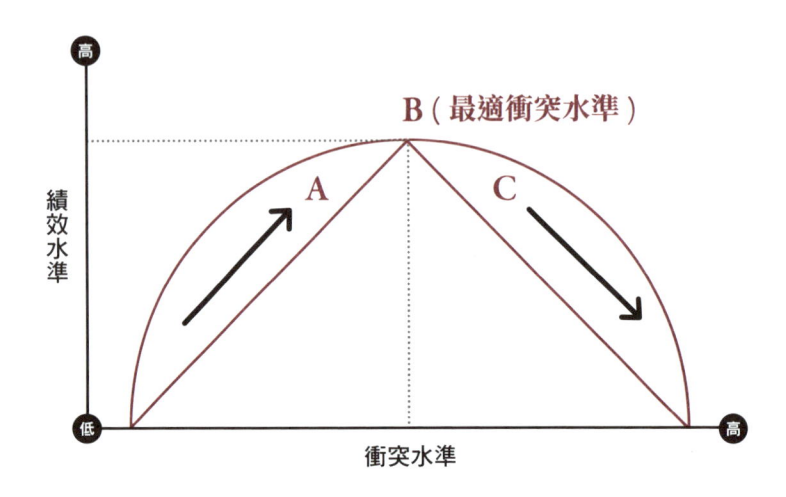

✚ 表6-1：組織的不同情境區

情境	衝突水準	績效水準	衝突類型	該區特性
A	由低到中	由低到高	惡性的	冷漠沒創新
B	最適水準（中）	最高績效	良性的	創新及挑戰
C	由中到高	由高到低	惡性的	破壞不合作

談到組織衝突過高時要如何抑滅及處理，最有名的莫過於湯瑪斯 - 基爾曼衝突管理模型（Thomas Kilmann Conflict Management Model），由美國學者湯瑪斯（Kenneth W. Thomas）與基爾曼（Ralph H. Kilmann）於 1976 所建立。當組織發生非功能性衝突時，可以用此模型的管理矩陣解決，矩陣的橫軸為合作程度，縱軸為獨斷程度（參考圖 6-7）。湯瑪斯和基爾曼認為在衝突下，雙方都必須了解對方的意圖及動機，因為衝突行為的背後都有目的。組織衝突若能妥善選擇最適模式來處理，將會很有利。本單元將說明湯瑪斯 - 基爾曼衝突管理模型所包含的五種衝突行為模式和策略，分別是（1）競爭、（2）迴避、（3）妥協、（4）合作及（5）適應。

（1）迴避（Avoidance）：

低合作、低獨斷，當衝突本身不會造成組織影響，或為了避免雙方的對立，將會採取迴避的策略。此策略面對衝突的態度**是消極的**，在短期內有效，因為所面對的態度是不堅持及不合作的方式，也就是逃避現狀不直接面對。但長期而言，還是要正面面對對方的需求，才能解決雙方的衝突而符合雙方的合作。

（2）競爭（Competition）：

低合作、高獨斷，也就是堅持不合作，以自身利益為優先考量，不考慮對方的想法及利益，而將自身利益最大化。採取競爭就是要迫使對方讓步，而選擇對自己最有利的策略。

（3）妥協（Compromise）：

中度合作、中度獨斷，當雙方衝突勢均力敵、考量的主題過於複雜，或許可以選擇考量自身與對方的利益。雙方都必須退讓及放棄自己的部分利益，而試圖取得雙方間的平衡，以及雙方可以接受的答案。

（4）合作（Collaboration）：

高合作、高獨斷，和妥協一樣都有考量自身與對方的利益，所以積極尋求雙方覺得最好的解決方式，以達到雙贏的局面，但不同於妥協是彼此各退一步，而是選擇互相信任及合作。

（5）適應（Accommodation）：

　　高合作、低獨斷，此種策略是適應對方的想法，依照對方的偏好做決定，也就是單方面捨棄自身利益來處理衝突，此策略就是先行讓步，是抑滅衝突的常見策略。

✚ 圖6-7：衝突抑滅的策略

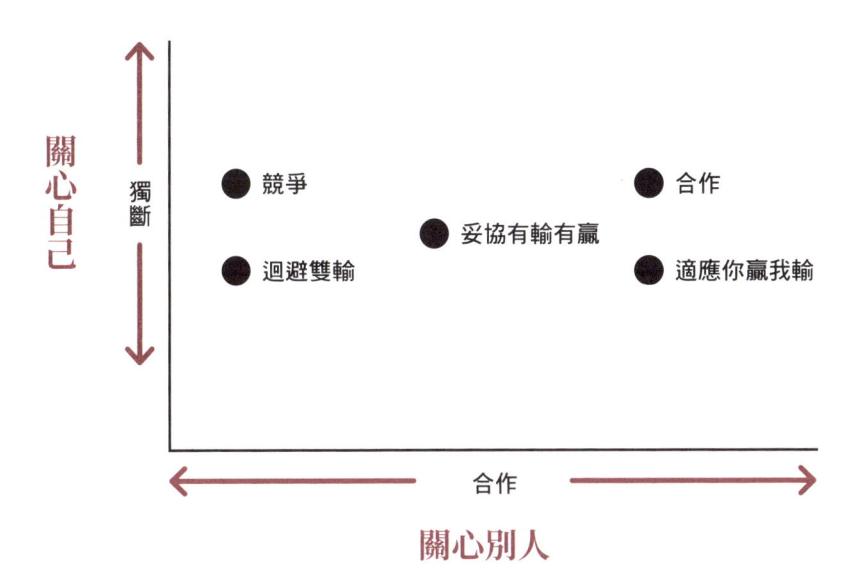

（縱軸：關心自己／獨斷；橫軸：關心別人／合作）

- 競爭
- 合作
- 妥協有輸有贏
- 迴避雙輸
- 適應你贏我輸

> **案例問題 6-1-1**

銀行主管按照一般規定處理,加上未具有同理心,造成衝突及該銀行被客訴

　　作者要和家人到日本旅遊,所以某一天到 B 銀行換取日幣現鈔,辦理時旁邊發現有一位中年婦女正在與該銀行之行員爭吵,內容是這樣的:該中年婦女想要辦理旅行支票,行員告知銀行網站上已公告某國的旅行支票**暫不受理**,但因為中年婦女平常很少到銀行網站看公告訊息,所以請求銀行行員提供協助,行員似乎因為太忙碌而僅回答不了解及不知道,而中年婦女急需協助,講話口氣也慢慢不太好,最後爭吵到該行員的下一層主管來處理,結果主管的回應與行員一樣,甚至說該婦女若爭吵不斷就要報警,此時該婦女更加生氣而大吵,旁邊也有許多顧客支持。這時該分行最高主管現身處理,最後一切在他的誠意中落幕。該主管做了什麼?下個單元將告訴讀者如何**有效溝通及降低衝突**。

案例討論 6-1-2

銀行最高主管做了以下措施才平息眾怒（溝通技巧及處理方法）：

銀行最高主管做了以下措施才平息眾怒（溝通技巧及處理方法）：

（1）**面對面坦誠溝通**：接受客戶抱怨時，都必須**有效溝通及傳達正確訊息**，由於第一層及第二層人員皆無法有效處理客戶抱怨，最後將訊息傳達到第三層，才由該分行最高主管面對面和客戶坦誠溝通。

（2）**主動傾聽及了解對方的訴求**：每個層級均有不同的分級處理及授權方式，該分行最高主管有最高的權限及費用減免，雖然該客訴不涉及費用減免，但最高主管卻願意主動開車送該婦女到台灣銀行兌換旅行支票，這樣的處理方式就是**主動傾聽及了解對方的訴求，以降低客戶的衝突產生**。

（3）**協議及追蹤**：此申訴案件無涉及最高主管權限的使用，但該主管除了**願意主動開車**送該婦女到台灣銀行兌換旅行支票外，更願意為該婦女支付於台灣銀行兌換旅行支票的費用，**這樣的方式就是協商客戶的需求，並且追蹤到客戶接受而滿意**。

本章重點導覽

-
-

1、 當人與人之間的想法不一致時，就會造成工作上同事之間的衝突，甚至演變成部門之間的衝突。為了避免衝突及處理衝突，有效溝通絕對是組織中不可避免的現象，也是管理者必須學習的功課，更是降低衝突及處理衝突最好的管理工具。

2、 雖然組織溝通是企業最常見的管理行為，但目前台灣許多企業在組織溝通仍然面臨許多難題，最常見的分別是部門內的溝通與部門之間的溝通，尤其是部門之間的溝通，也就是跨部門溝通或橫向溝通。橫向溝通遠比向上溝通及向下溝通來得困難，甚至比部門內的溝通來得困難，因為各部門都有本位主義，有自己部門的利益，甚至有因部門間的利益所引起的自己利益。

3、 達成部門間的溝通或橫向溝通，通常是幫助企業推進更大的目標，

甚至完成公司任務最重要的推手。若少了橫向溝通，不僅讓企業無法完成目標，更嚴重還可能造成部門衝突，甚至造成員工向心力無法凝聚、員工流失，所以任何企業都必須正視組織的溝通。

4、 溝通不是一次討論完就叫溝通，必須要達成有效溝通才是真溝通。有效溝通是指雙方交換資訊及彼此接受的過程，這個過程不是一次就結束。溝通好比一場無限遊戲，不是把話說了就以為能改變對方的想法及做法，而是透過雙方可以接受的共識，把彼此的關係及觀念延續下去。溝通的特性包括循環性、交換性及可接受性。

5、 溝通相關理論包括（一）麥拉賓的 7/38/55 法則，（二）Joseph Luft 和 Harry Ingham 的周哈里窗理論，（三）維琴尼亞‧薩提爾的冰山理論，（四）艾立克‧伯恩的 PAC 理論，（五）哈伯瑪斯的溝通行動理論。

6、 7/38/55 的溝通法則，是美國加州大學洛杉磯分校心理學教授麥拉賓於 1971 年所提出的「麥拉賓法則」，又稱為有效溝通的 3V 法則：第 1 個 Visual（視覺訊息／外表、儀態及表情）佔 55%，第 2 個 Vocal（聽覺訊息／講話聲音、講話聲調及講話聲質）佔 38%，以及第 3 個 Verbal（語言訊息／講話內容及講話方式）佔 7%。

7、 周哈里窗是由美國加州大學社會心理學教授 Joseph Luft 和 Harry Ingham 兩人在 1955 年所提出的理論，周哈里（Johari）是取自兩人名字的開頭，窗（Window）則是指當一個人想和對方溝通時，如同展示自我認知和他人對自己認知之間的差異，好比一扇窗一樣，會經由「自己知道」（known by self）、「自己不知道」（not known by self）、「他人知道」（known by others）與「他人不知道」（not known to others）四個要素，交織形成不同的四扇窗。

8、 冰山理論是由家族諮商大師維琴尼亞‧薩提爾（Virginia Satir）於 1972 年提出，薩提爾認為人就像一座冰山，能被看見的，只有浮在水面上的部分，像是表達、應對及處理等方式，其餘的感覺如真誠、感受、情緒、道德觀及價值觀都沉在水面下，一般觀察不到。

9、 PAC 理論又稱為相互作用分析理論、溝通分析理論，由人際溝通大師、加拿大心理學家艾立克‧伯恩於 1964 年提出。

10、之所以稱為 PAC 模型，是因為每個人在溝通及講話時，都有三種不同的角色或自我狀態，分別是父母的狀態（Parent）、成人的狀態（Adult）及兒童狀態（Children），這三種狀態在每個人身

上都交互存在。

11、溝通行動理論又稱為交往行為理論,是德國哲學家及社會學家哈伯瑪斯所提出的理論。哈伯瑪斯將社會視為是互動的社會,認為人類大部份行為的溝通是發生在平常生活中,所以相處的每一個人皆是互動的參與者,而這種互動大部分是靠使用語言的,並且應該具有建立互為主體溝通關係的能力。

12、組織衝突通常有 3 個類型,分別是(1)目標衝突、(2)認知衝突及(3)行為衝突。領導者或管理者若能妥善處理這三個衝突原因,就能做好衝突管理,提升員工士氣及凝聚員工向心力。

13、根據管理學者路易斯‧龐帝於 1967 年提出的人際模式觀點,組織衝突歷程通常有下列五個階段。

14、談到組織衝突過高時要如何抑滅及處理,最有名的莫過於湯瑪斯-基爾曼衝突管理模型,是由美國學者湯瑪斯與基爾曼於 1976 建立。

15、湯瑪斯-基爾曼衝突管理模型包含五種衝突行為模式和策略,分別是(1)競爭、(2)迴避、(3)妥協、(4)合作及(5)適應。

CHAPTER 7

談工作文化、組織文化到組織之設計

對組織而言，工作文化是**基礎**，企業文化是**核心思維**；工作文化是呈現工作環境的**氛圍**，企業文化是工作文化的**延伸**。若工作文化不好，就根本談不上企業文化多好；企業文化不好，就更談不上所謂的企業使命及企業價值。這兩者文字雖然看似相同，意義卻不同，例如企業文化是抽象的，是用講的，是看不到的，但工作文化卻可以從同仁的表情或行為上觀察到，且可以推論出企業的文化價值。唯有穩固的工作文化才能創造企業文化，提供企業未來的願景及藍圖。

通常一家企業的創立之初只有**工作文化**，而且當這家企業成立不夠久或規模不夠大，其實還談不上**企業文化**，因為企業文化的建立必須經歷企業的發展、成長、變革及創新，在過程中循序漸進產生。另外，若公司規模很小或員工人數很少，就還稱不上所謂企業，所以這家公司的工作文化就等同企業文化。總之，一家公司要先有工作文化再談企業文化。從工作文化到企業文化通常需要經過 2～3 年，工作文化的建立是可以設計的，因此企業的組織文化可以從工作文化設計來延伸及運作。

工作文化和組織文化的差異

文化是企業的靈魂，行為是心情的展現。當員工心情不好時，會表現在工作行為中，員工工作行為累積後，就產生這個工作環境中的工作文化。工作文化更是組織文化或企業文化的基礎及具體落實，因此工作文化所形成的工作風格或工作環境不佳時，組織文化會很難形成或建立，該企業或許就必須妥善運用組織設計或透過制度設計來強化工作文化，或是建立優質環境提供好的職場環境。工作場所中所帶來的工作環境，以及工作環境中所帶來工作文化，會間接及直接影響員工的工作表現，而員工的工作表現會直接影響公司的獲利及盈虧，因此可以說工作文化是**因**，組織文化是**果**，工作文化是**如何引起**，其組織文化就是**如何形成或如何塑造**。工作文化是過程，是具體的工作展現，而組織文化是想要的結果，這個結果就是企業未來期待的願景，或該企業的**核心價值**。由於大型企業涵蓋許多事業處或部門，因此有

效的領導者若能挑選一些好的高階管理者，則相對有效的管理者將能提供優質的工作環境，讓公司員工在正向思維中產生正向行為及高效率。員工正向行為加上管理者正向的**身體力行**，管理者也透過**制度設計**來引導好工作文化時，則制度設計會**驅動員工**，管理者會**引導員工**。因此，在**工作文化**的運行及推動下，員工好的工作習慣及工作態度將會形成好的工作文化，這樣好的工作文化又會連結到企業的**組織文化**，讓工作文化在平常或日常營運中，可以具體展現和公司一致的組織文化或價值觀。倘若企業的組織文化與員工的工作文化不一致，員工的行為模式就會偏離組織的期待及預期，這也是為什麼許多企業的組織文化很難和員工的工作文化連接或連結，導致組織文化的價值主張形同口號，脫離員工工作文化的行為表現，也就是組織文化的核心價值沒有體現在工作文化中。因此唯有工作文化和組織文化相輔相成，並將組織文化落實在組織運作中，好的工作文化才能有效決定員工的工作習慣及工作行為。另見表 7-1 工作文化和組織文化的關係。

至於組織文化如何影響工作文化，以及如何將組織文化願景及精神落實到工作文化，是企業目非常重要的工作。組織文化不會自動變成員工行為，而是需要透過工作文化來影響工作行為，因此企業必須採取扁平化的組織，建立團隊合作的紀律及精神，才能藉由**企業組織扁平後**使組織文化更容易貼近工作文化，進而讓工作文化影響員工的工作態度及工作風格。如此一來，除了能使組織文化由上而下發揮

影響力,更能藉由工作文化由內而外地修正組織文化。

✚ 表7-1:工作文化和組織文化的差異

種類	工作文化	組織文化
定義	工作文化是基礎,無論公司規模及員工人數,都有工作文化	是組織的核心價值、組織追求的願景及組織要發展的方向
本質	是工作環境	是行為準則
影響	員工士氣	競爭優勢
價值	工作價值	核心價值
程序	是一項過程	是一項結果
順序	先有工作文化	後有組織文化
時間	通常1年內	至少2-3年以上
時效	短期容易改變	長期才能改變
執行	公司員工	公司領導者
關係	對內部員工	對外部顧客
正向	提升員工認同	提升企業形象
負向	提高員工離職	降低企業形象

資料來源:作者自行整理

組織文化的設計

組織文化（Organizational Culture）是組織成員共同價值觀所形成的文化，也是企業要求組織成員共同遵守的行為規範，所以組織文化也可以視同為**價值觀**（Values），是企業用來分辨員工行為、工作事件或工作結果的準則及依據，或是企業的指導原則，因此組織文化會影響員工的行為規範及道德標準。當企業領導者忽略企業的組織文化，除了會讓組織成員失去企業的核心價值外，更會讓組織成員間失去信任及團隊合作精神。唯有領導者及管理者建立共有價值觀並身體力行，才能為組織文化奠定好的基石，促進企業良好發展，讓組織成員獲得願意全心投入的工作。

上個單元提到為了讓工作文化貼近組織文化，企業可以嘗試將組織扁平化，讓組織成員和領導者容易建立溝通及降低衝突，並且減少**管理層次**，增加**管理幅度**，讓組織變得靈活敏捷，所有部門和員工都能

協同目標的工作，達成公司共同目標。美國 SAS 公司是一家全球知名的企業級軟體公司，該公司組織文化是重視員工權益及鼓勵員工創新，並且符合客戶的需求及滿意度，因此 SAS 公司建立了開放和扁平化的管理結構，使 SAS 公司的工作文化連結到組織文化中的創新及改變。

Burns 與 Stalker 曾將組織設計區分為機械式（Mechanistic Organization）及有機式（Organic Organization）兩種組織文化。有機式（Organic Organization）的組織文化較適合在動態的不確定環境中隨時調整，以因應環境變化及不確定性，並鼓勵員工創新及組織變革。機械式（Mechanistic Organization）的組織文化又稱為科層體制（bureaucracy），是理性化的管理組織結構，以多個等級的上下層次所組成，每個層次都有不同的權限和責任，也就是企業內部形成上下級之間控制與被控制的關係。機械式組織文化較適合大型組織，由於該組織每個人都受上一層主管的控制與監督，因此該組織的結構往往偏向較小的控制幅度（指管理者可以高效率、有效能地指揮的員工數量），且組織結構屬於金字塔結構，而非扁平化的組織結構。相反地，有機式組織文化由於沒有標準化的作業與規章，組織設計相對具有高度適應力與競爭力，且組織結構屬於扁平式結構，因此可以使員工配合組織的需求而快速改變，並且較容易因為組織扁平化而貼近組織文化。如要清楚了解機械式（Mechanistic Organization）及有機式（Organic Organization）兩種組織文化的差異，請見表 7-2。

✚ 表7-2：機械式文化和有機式文化比較

組織文化	機械式（Mechanistic Organization）	有機式（Organic Organization）
定義	理性化的管理組織結構，以多個等級的上下層次所組成，每個層次都有不同的權限和責任	沒有標準化的作業與規章，組織設計相對具有高度適應力與競爭力
組織結構	金字塔結構	扁平式結構
彈性	科層性組織（彈性小）	調適性組織（彈性大）
權力	中央集權（集權）	地方分權（授權）
標準化	高度標準化	低度標準化
階層關係	高度階層	低度階層
控制幅度	控制幅度小	控制幅度大
溝通	正式化溝通	非正式化溝通
互動	垂直互動	水平互動

資料來源：作者自行整理

在現在競爭激烈的商業環境及 AI 時代的快速變化下，以完善的組織設計來快速適應外部環境的變遷，對於現代企業的成功至關重要，因為組織設計不僅攸關公司的文化及架構，更要考量企業的營運效果、團隊士氣、組織願景、組織目標及整體企業績效。Burns 與 Stalker 於 1961 年將組織設計分成兩種管理系統：（1）**有機式組織**（organic organization），其特色為授權、非正式化溝通協調、重視水平互動及非專業分工；（2）機械式組織（mechanistic organization），其特色包括高度集權、正式化溝通協調、垂直互動、專業分工。隨後海格（J. Hage）於 1970 年提出不證自明理論（Axiomatic Theory），認為要研究複雜的組織，必須同時探討組織的四個結構（分別是**複雜化、集中化、正式化及階層化**）與組織的四個功能（分別是**適應力、生產力、效率及工作滿意**），利用八個組織的變因（因素）明確推論及清楚劃分有機式組織及機械式組織兩個組織文化的型態。亨利‧明茲伯格（Henry Mintzberg）1983 年於《五種組織結構：有效組織的設計》提出，每個組織的構成要素不盡相同，所以會產生不同的組織架構，包括先前所提的有機式組織及機械式組織在不同環境下所適合的組織文化設計。另外組織設計及組織編組上也有不同的分類及組織設計，以下說明常用的組織分類。

❶ 職能部門化

職能部門化是根據業務活動的相似性來設立管理部門的過程，是最典型及最傳統的專業分工型組織，**相同職能的人都在同一個部門**，也就是依據組織所執行的職能來分組。進行特定工作時，組織通常會要求許多技能相似的同仁一起討論及規劃，例如行銷負責行銷、業務部門負責銷售、客服部門負責處理客訴，因此基於組織這樣的設計及分類後，**優點**是容易在部門內完成溝通、推動及處理工作內容，**缺點**則是容易造成部門內職能的偏見及短視、容易走上官僚體制，以及部門間缺乏總體意識，不利於培養組織的中高階人才，因為各職能部門可能只會關注自己的準則來行動。為了讓讀者了解組織設計在職能部門化，提供圖 7-1 供讀者參考。

✚ 圖7-1：組織設計職能部門化

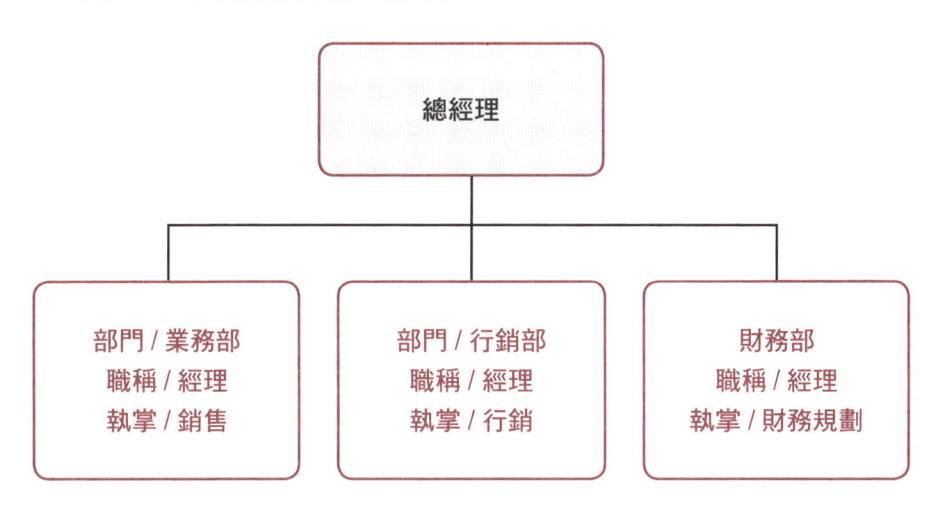

```
                    總經理
                      │
        ┌─────────────┼─────────────┐
   部門/業務部      部門/行銷部       財務部
   職稱/經理        職稱/經理        職稱/經理
   執掌/銷售        執掌/行銷        執掌/財務規劃
```

❷ 產品部門化

產品部門化是指根據產品和生產線來設立管理部門及劃分管理單位，例如把同一產品的生產或銷售工作集中在相同的部門組織進行。若企業擁有不同產品線，常常就會根據不同產品建立不同的管理單位。這樣按照產品線劃分部門的做法，在大型、複雜及多產品經營的公司正在廣泛應用，也越來越受到重視，但**缺點**是該產品線的管理者要負責很多產品相關的職能領域，常常因較不熟悉某一類，而造成專業上的誤判或浪費該產品的行銷預算。另外更大的缺點是當客戶同時購買產品（如圖 7-2 中的乳品及飲品）時，會造成兩個部門的主管同時拜訪之浪費。

❸ 顧客部門化

顧客部門化又稱**用戶部門化**，就是根據目標顧客的不同利益需求來劃分組織的業務活動。當顧客在不同群體具有**不同偏好及不同決策**時，**顧客部門化**是最佳的組織設計，尤其現在的百貨業及服飾業在激烈的市場競爭中，客戶對於**需求導向及服務導向**越來越明顯及越來越要求，例如百貨公司有區分男裝部、女裝部、童裝部及美妝部等，**優點**是顧客的需求與服務可藉由該領域的專家來服務，**缺點**是不同顧客部門的**整合較為困難**。舉例來說，爸爸、媽媽及五歲女兒一家人要買過年衣服，就必須到圖 7-3 之男裝部購買爸爸衣服，到女裝部購買媽媽衣服，

✚ 圖7-2：組織設計產品部門化

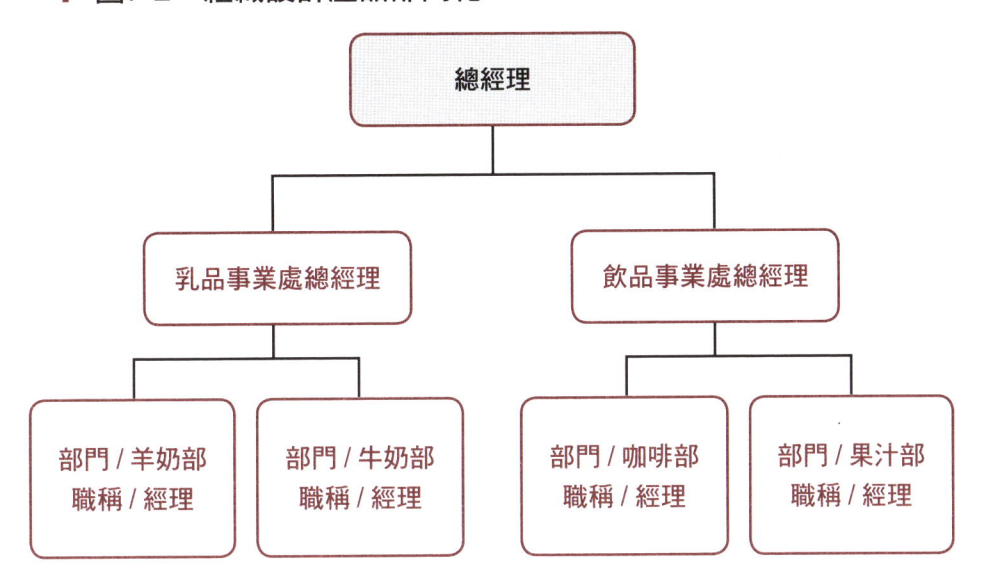

```
                        總經理
                    ┌─────┴─────┐
           乳品事業處總經理      飲品事業處總經理
            ┌────┴────┐         ┌────┴────┐
        部門/羊奶部  部門/牛奶部  部門/咖啡部  部門/果汁部
        職稱/經理   職稱/經理   職稱/經理   職稱/經理
```

✚ 圖7-3：組織設計顧客部門化

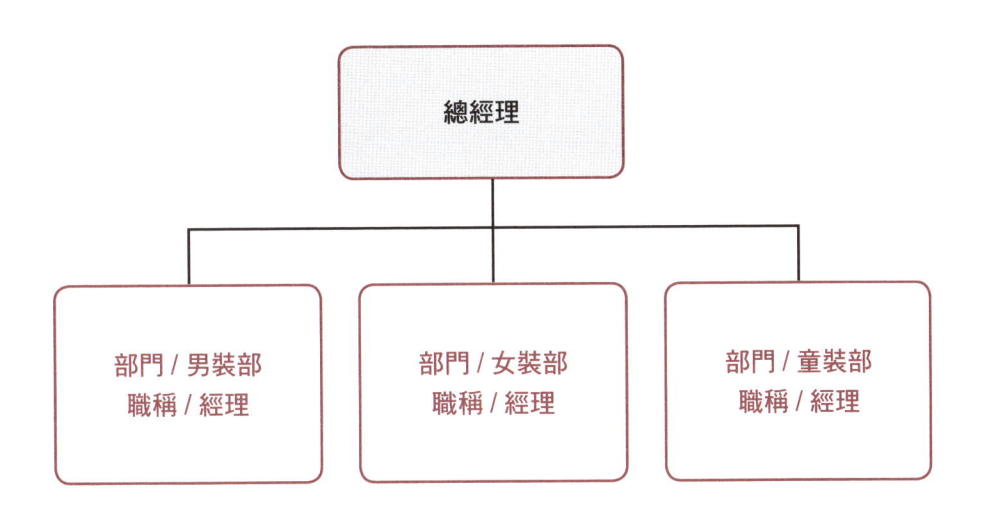

```
                    總經理
            ┌─────────┼─────────┐
        部門/男裝部  部門/女裝部  部門/童裝部
        職稱/經理   職稱/經理   職稱/經理
```

到童裝部購買五歲女兒衣服,這樣的缺點就是不同顧客部門的整合較為困難,而造成一家人購買衣服花更多的時間。

❹ 矩陣式組織

當組織同時存在**職能部門化**及產品部門化時,矩陣式組織可以符合員工向同時有兩條以上的主管報告,高階主管也可以同時詢問兩條以上的主管,此時的特殊組織結構就稱為矩陣式組織。例如員工向職能部門化的行銷部經理請教**行銷預算**,同時又向**產品部門化**的乳品部經理了解**市場現況**。矩陣式組織有利於各部門的同仁在不同組合下完成**資訊交流及市場掌握**,管理者也較容易掌握**市場資訊及競爭者狀態**,以利判斷及推動決策。但缺點是矩陣式組織下需要更多主管及員工,造成公司的**固定成本**增加,且不同部門間需要花費更多溝通及協調的**時間成本**,讀者可以參考圖 7-4 了解矩陣式組織的運作。

✚ 圖7-4：組織設計矩陣式組織

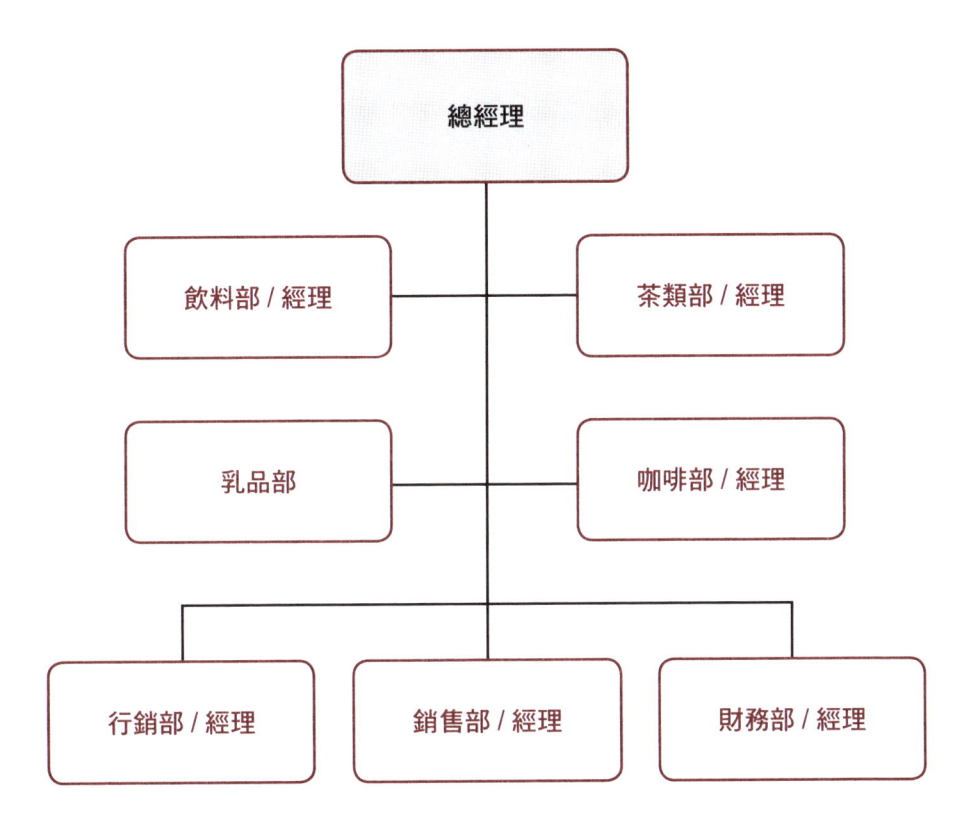

```
                    總經理
         ┌────────────┴────────────┐
    飲料部/經理                 茶類部/經理
         │                         │
     乳品部                    咖啡部/經理
                                   │
         ┌─────────────┬───────────┤
    行銷部/經理    銷售部/經理    財務部/經理
```

企業如何連結 ESG 及打造永續組織文化

面對 ESG 的潮流及變動的環境，企業、社會、環境的三邊關係也因此必須改變。現在的企業除了要堅定原先組織的核心價值外，也必須重塑新的 ESG 組織文化，並在推動過程中更視為企業的首要之務。現在的 ESG 框架下，ESG 必須成為企業組織策略的一環，組織文化也必須和 ESG 做好連結，且連結中的組織文化要學會如何對待員工、股東、客戶和其他利益相關者，並確定企業在市場和社會中的 ESG 角色定位。由於組織文化是公司內部從上到下都能認同的價值觀和行為標準，當組織文化融入 ESG 理念後，企業要確保組織文化是否讓員工落實 ESG，並鼓勵員工參與 ESG 的相關活動，將 ESG 核心職能導入公司制度。

企業除了重視環境、社會與經濟三個面向之外，其實企業的永續作為及永續經營還可以帶來品牌價值、企業聲譽和消費者認

同,更容易贏得消費者的信任。ESG到底是什麼？ESG是環境保護（E，environment）、社會責任（S，social）和公司治理（G，governance）的縮寫。過去企業是重視EPS財務績效,現在ESG被用來評估企業在環境、社會和公司治理的綜合表現,也被投資人用來評估該企業的投資表現。因此企業要建立永續的組織文化,就必須將組織永續的觀念及行為融入工作日常運作中,可參考表7-3。

✚ 表7-3：ESG相關指標

Environment 環境保護	Social 社會責任	Governance 公司治理
減少溫室氣體排放	重視勞工權益	內部控管
減少用水及污水管理	重視資訊安全	企業道德
重視供應鏈管理	重視產品責任	資訊透明
重視水資源管理	重視工作環境	董事多元
重視氣候變遷	重視員工健康	企業合規
重視環境永續	重視員工安全	財務透明

保護生態系統	重視員工隱私權	企業聲譽
保護天然資源	重視員工關係	股東權利
能源使用管理	重視僱傭關係	會計責任
廢棄物管理	重視當地社區	所有權結構
土地使用	重視原住民地區	稅務策略
重視回收	重視宗教衝突	商業倫理
重視伐林	重視人權	競爭行為
重視產品包裝	重視員工福利	原料採購

資料來源：聯合國全球盟約及作者自行整理

案例問題 7-1-1

ESG 企業永續獎揭曉 /
國泰金奪 ESG 企業永續雙獎

　　國泰金控（2882）持續深化「氣候、健康、培力」三大永續主軸，透過職場培力、社會培力等具體行動，榮獲 2024 第 20 屆《遠見》ESG 企業永續獎雙獎肯定，囊括傑出方案：職場共融組楷模獎、教育推廣組楷模獎，更曾因蟬聯三屆綜合績效獎，於 2022 年起進入遠見 ESG 企業永續榮譽榜。此外，國泰金控（2882）旗下國泰人壽、國泰世華銀行、國泰產險、國泰證券獲頒六項永續單項績效領袖獎，在「創新成長」、「資訊安全」、「人才發展」等領域備受肯定，顯見國泰落實金融先行者的承諾，將永續精神融入營運與各項服務，從環境、社會及公司治理層面發揮正向影響力，邁向 2050 淨零願景。下個案例討論中，將了解國泰金控子公司獲得的獎項及推動狀況。

> **案例問題 7-1-2**

國泰金控子公司獲得的獎項及推動狀況

(1) 國壽以投資、營運、科技三維度建立綠色生態圈，發揮綠色金融影響力指標關鍵，榮獲「氣候領袖獎」。國泰人壽透過綠色保險、綠色授信、永續連結貸款等綠色金融商品，協助跨領域產業進行永續轉型。

(2) 國泰世華銀行本屆拿下「資訊安全領袖獎」、「人才發展領袖獎」。國泰世華亦致力於落實「識詐、阻詐」，透過大數據與 AI 技術整合識別，於 2023 年共成功阻詐 1,802 件，居同業之冠，總金額達新台幣 12.8 億元，近三年攔阻詐騙總金額累計超過 20 億元。

(3) 國泰產險榮獲「創新成長領袖獎」，國泰產險為台灣首家自行遵循聯合國「永續保險原則（PSI）」的產險公司，將 ESG 議題之因應納入產品生命週期中，推動綠色永續保險商品，為產險業第一家取得「碳標籤」、「減碳標籤」雙標籤認證的公司。

(4) 國泰證券以「全方位數位券商」為目標，五度榮獲「創新成長領袖獎」及首度拿下「資訊安全領袖獎」，國泰證券堅守永續經營承諾，以低碳經濟、人才培育、成為業界「永續標竿」為

目標,如透過國泰證券 APP「台股 ESG 永續力」功能,讓投資人輕鬆了解個股的永續評級,進而引導參與 ESG 投資。

本章重點導覽

-
-

1、 對組織而言，工作文化是基礎，企業文化是核心思維；工作文化是呈現工作環境的氛圍，企業文化是工作文化的延伸。

2、 企業文化是抽象的，是用講的，是看不到的，但工作文化卻可以從同仁的表情或行為上觀察到，並推論出企業的文化價值。唯有穩固的工作文化才能創造企業文化，提供企業未來的願景及藍圖。

3、 一家企業的創立之初只有工作文化，而且當這家企業成立不夠久或規模不夠大，其實還談不上企業文化，因為企業文化的建立是必須經歷企業的發展、成長、變革及創新，在過程中循序漸進產生。

4、 若公司規模很小或員工人數很少，其實還稱不上所謂企業，所以

這家公司的工作文化就等同企業文化。總之，一家公司要先有工作文化再談企業文化。

5、 從工作文化到企業文化通常需要經過 2~3 年，工作文化的建立是可以設計的，因此企業的組織文化設計可以從工作文化設計來延伸及運作。

6、 文化是企業的靈魂，行為是心情的展現。當員工心情不好時，會表現在工作行為中，員工工作行為累積後，就產生這個工作環境中的工作文化。

7、 工作文化更是組織文化或企業文化的基礎及具體落實，因此工作文化所形成的工作風格或工作環境不佳時，其企業的組織文化很難形成或建立。

8、 企業必須妥善運用組織設計或透過制度設計來強化工作文化，或是建立優質環境提供好的職場環境，所以工作場所中所帶來的工作環境，以及工作環境中所帶來工作文化，會間接及直接影響員工的工作表現。

9、員工的工作表現會直接影響公司的獲利及盈虧，因此可以說工作文化是因，組織文化是果，工作文化是如何引起，其組織文化就會如何形成或如何塑造。工作文化是過程，是具體的工作展現，而組織文化是想要的結果，這個結果就是企業未來期待的願景，或該企業的核心價值。

10、大型企業涵蓋許多事業處或許多部門，因此有效的領導者若能挑選一些好的高階管理者，則相對有效的管理者將能提供優質的工作環境，讓公司員工在正向思維中產生正向的行為及高效率，因此在員工正向行為加上管理者正向的身體力行，管理者也透過制度設計來引導好工作文化。

11、制度設計會驅動員工，管理者會引導員工，因此在工作文化的運行及推動下，員工好的工作習慣及工作態度將會形成好的工作文化，好的工作文化又會連結到企業的組織文化。

12、唯有工作文化和組織文化相輔相成，並將組織文化落實在組織運作中，好的工作文化才能有效決定員工的工作習慣及工作行為。

13、組織文化如何影響工作文化，如何將組織文化願景及精神落實到

工作文化,是企業目前非常重要的工作。

14、組織文化不會自動變成員工行為,而是需要透過工作文化來影響工作行為,因此企業必須採取扁平化的組織,建立團隊合作的紀律及精神,才能藉由企業組織扁平後使組織文化更容易貼近工作文化。

15、工作文化影響員工的工作態度及工作風格,如此除了能讓組織文化由上而下發揮影響力,更能藉由工作文化由內而外地修正組織文化。

16、組織文化(Organizational Culture)是組織成員共同價值觀所形成的文化,也是企業要求組織成員共同遵守的行為規範,所以組織文化也可以視同為價值觀(Values),是企業用來分辨員工行為、工作事件或工作結果的準則及依據,或是企業指導原則,因此組織文化會影響員工的行為規範及道德標準。

17、當企業領導者忽略企業的組織文化,除了會讓組織成員失去企業核心價值外,更會讓組織成員間失去信任及團隊合作精神,所以唯有領導者及管理者建立共有價值觀並身體力行,才能為組織文

化奠定好的基石。

18、想讓工作文化貼近組織文化，企業可以嘗試讓組織扁平化，進而讓組織成員和領導者容易建立溝通及降低衝突，並且減少管理層次，增加管理幅度，讓組織變得靈活敏捷。

19、Burns 與 Stalker 曾將組織設計區分為機械式（Mechanistic Organization）及有機式（Organic Organization）兩種組織文化。有機式（Organic Organization）的組織文化較適合在動態的不確定環境中隨時調整，以因應環境變化及不確定性，並鼓勵員工創新及組織變革。機械式（Mechanistic Organization）組織文化又稱為科層體制（bureaucracy），是一種理性化的管理組織結構，以多個等級的上下層次所組成，每個層次都有不同的權限和責任，也就是企業內部形成一種上下級之間控制與被控制的關係。

20、面對 ESG 的潮流及變動的環境，企業、社會、環境的三邊關係也因此必須改變。現在的企業除了要堅定原先組織的核心價值外，也必須重塑新的 ESG 組織文化，並在推動過程中更視為企業的首要之務。

21、企業除了重視環境、社會與經濟三個面向之外,其實企業的永續作為及永續經營還可以帶來品牌價值、企業聲譽和消費者認同,更容易贏得消費者信任。

Orange Money 16

高效領導
透過7個關鍵策略，教你如何帶人又帶心
作者：劉教授

出版發行

橙實文化有限公司 CHENG SHI Publishing Co., Ltd
粉絲團 https://www.facebook.com/OrangeStylish/
MAIL: orangestylish@gmail.com

作　　者	劉教授
總 編 輯	于筱芬　CAROL YU, Editor-in-Chief
副總編輯	謝穎昇　EASON HSIEH, Deputy Editor-in-Chief
業務經理	陳順龍　SHUNLONG CHEN, Sales Manager
美術設計	點點設計×楊雅期
製版／印刷／裝訂	皇甫彩藝印刷股份有限公司

編輯中心

ADD／桃園市中壢區山東路588巷68弄17號
2F., No. 147, Yongchang Rd., Zhongli Dist., Taoyuan City 320014, Taiwan (R.O.C.)
TEL／（886）3-381-1618　FAX／（886）3-381-1620

全球總經銷

聯合發行股份有限公司
ADD／新北市新店區寶橋路235巷弄6弄6號2樓
TEL／（886）2-2917-8022　FAX／（886）2-2915-8614

初版日期 2025年4月